"教学做"一体化教材·民航服务系列

民航概论

主　编◎陆筑平

U0386102

中国人民大学出版社

·北京·

图书在版编目（CIP）数据

民航概论/陆筑平主编．--北京：中国人民大学
出版社，2021.4
ISBN 978-7-300-29149-9

Ⅰ.①民…　Ⅱ.①陆…　Ⅲ.①民用航空-概论-高等
学校-教材　Ⅳ.①V2

中国版本图书馆 CIP 数据核字（2021）第 048876 号

"教学做"一体化教材·民航服务系列

民航概论

主编　陆筑平

Minhang Gailun

出版发行	中国人民大学出版社				
社　址	北京中关村大街 31 号		邮政编码	100080	
电　话	010 - 62511242（总编室）		010 - 62511770（质管部）		
	010 - 82501766（邮购部）		010 - 62514148（门市部）		
	010 - 62515195（发行公司）		010 - 62515275（盗版举报）		
网　址	http://www.crup.com.cn				
经　销	新华书店				
印　刷	北京玺诚印务有限公司				
规　格	185 mm×260 mm　16 开本		版　次	2021 年 4 月第 1 版	
印　张	11.25		印　次	2021 年 8 月第 2 次印刷	
字　数	243 000		定　价	32.00 元	

前　言

　　民航业是我国经济社会发展重要的战略产业。改革开放以来，我国民航业快速发展，行业规模不断扩大，服务能力逐步提升，安全水平显著提高，为我国改革开放和社会主义现代化建设做出了突出贡献；同时，运输总量逐年提升，航空客货运输总周转量位居世界第二，国际影响力不断增强。

　　民航业的持续、健康发展离不开人才的支撑。民用航空是一个复杂的系统，需要航空运输企业、通用航空公司、民航机场、民航空管部门以及民航相关服务保障类企业在国务院民航主管部门的领导下相互配合，合理分工。投身民用航空业的人才不仅要有对民航业的兴趣和热情、责任感和使命感，更重要的是通过高等教育的专业学习，掌握民用航空系统各子系统、各个岗位群的专业知识和技能。民用航空概论课程是高等院校民航运输、空中乘务等相关专业学生初识民用航空领域、认识民用航空系统的入门课程，学生通过民用航空概论课程的学习能够对民航行业有比较全面的认识和了解，对自己所学专业产生思考，同时也为后续专业课程的学习打下基础。

　　2020 年是不平凡的一年，全球经济受新冠肺炎疫情的影响发展缓慢，有些国家的经济甚至产生了倒退。民航运输业受疫情的影响尤为严重，世界上很多优秀的航空运输企业甚至出现了大量裁员的情况。在这种不利的经济情况和国际环境下，中国民航经受住了考验，全体民航人坚守在自己的岗位上。行业的发展需要新鲜血液的补充，需要优秀的民航学子的加入。高等院校就是培养民用航空各子系统优秀人才的地方，而课程教材对高等院校人才培养非常重要，适用的教材能够对人才培养起到事半功倍的效果。

　　本书一共八章，编写思路本着以下三点原则：一是由整体到部分。首先介绍民用航空的相关概念、民用航空系统的构成以及世界和中国的民航发展历史，接着按照民用航空系统的子系统和构成要素分别介绍了民航飞机、飞行基本原理、航空运输组织与业务、民用机场、航空公司、空中交通管理和通用航空的相关知识。通过教材的章节编排使学生对于民用航空业的体系构成有着比较清晰地认识。二是内容够用即可。考虑到后续专业课程的开设，各章节内容仅涉及基本概念和基础知识，目的是使学生打下比较扎实的理论基础。三是数据和信息要新。民用航空发展速度很快，航空技术、行业数据等更新很快，本书力争使用较为前沿的数据和信息。

　　本书可作为高等院校民航运输、空中乘务等民航类专业开设民航概论或类似课程教材使用，也可作为行业从业人员工作参考之用。

　　最后，由于编者的水平有限，加之民航的概念和技术变化较快，如有不当之处，恳请各位读者批评和指正。

编者

目　录

第一章
总　论

本章导航

　　民用航空（简称"民航"）业是我国经济社会发展重要的战略产业，从航空活动的内容上来看包含航空运输和通用航空两部分。航空运输是通过飞机的高速飞行实现人和物的长距离快速位移，与陆路运输和水路运输既相互竞争又互为补充，共同组成国家综合运输系统。通用航空作为民用航空重要的组成部分，广泛应用于农业、工业、旅游业等领域，其市场发展潜力巨大。现代民用航空系统是一个复杂巨系统，需要各子系统各司其职、相互协作，确保民航业务安全、高效、有序地开展。本章主要介绍民用航空的基本概念和分类、民用航空系统的构成、世界民航和中国民航的发展历史。

学习目标

知识目标

1. 理解并掌握民用航空的定义
2. 掌握民用航空的分类
3. 掌握民用航空系统的构成
4. 了解人类实现飞天梦想的过程
5. 了解世界民航的发展历程和几个关键阶段
6. 了解中国民航的发展历程和几个关键阶段

能力目标

1. 具备深入理解民用航空基本概念的理论知识
2. 具备对民用航空系统组成的理解能力
3. 具备将民用航空基本理论应用于未来工作的实践能力

第一节　民用航空的基本概念

一、民用航空的定义

民用航空是指使用各类航空器从事除了军事性质（包括国防、警察和海关）以外的所有航空活动。

民用航空的定义包含三个关键信息：第一个是使用各类航空器，使民用航空行业区别于航空制造业；第二个是从事除军事性质以外的航空活动，这个排除法使民用航空的概念区别于军事航空；第三个是航空活动，使民用航空的范围区别于航空运输这种运输方式或者运输活动，民用航空包含的航空活动范围更广。

航空制造业主要是指航空器制造业，通过研究和使用先进的技术，制造出适用于各种目的和使用条件的航空器以及配套的设备，是机械工业领域一个非常重要的部分，也是民用航空和军事航空的基础。没有航空器制造业，就没有航空活动。

军事航空是指使用各类航空器从事国防、警察和海关等具有军事性质的航空活动，是国防的重要组成部分。例如：空军使用航空器驱逐入侵我国领空的外国航空器，保卫国家领空，不容他国侵犯的航空活动；武警使用航空器执行反恐、消防飞行等航空活动或是海关为打击走私犯罪的航空活动等。

航空运输可以作为一种运输方式，也可以指运输活动。作为运输方式，其和铁路运输、公路运输、水路运输以及管道运输五种常见的运输方式，共同构成了国家的交通运输系统。人员、物资、货物在全球范围内的流动和再分配都离不开这五种运输方式或者是运输活动。

航空领域包括航空制造业、军事航空和民用航空三部分，民用航空是航空活动的一部分。

二、民用航空的分类

从航空活动的内容上来看，民用航空包含两个部分：航空运输和通用航空。

（一）航空运输

航空运输也可以称为商业航空或是公共航空运输，一般指的是航空公司或者专门从事货物运输的航空货运公司使用航空器进行经营性的客货运输的航空运输活动。航空运输这种运输方式有速度快的特点，例如大多数民航飞机的巡航速度通常都保持在800～900km/h，其在中远程距离的运输方面与其他运输方式相比具有一定的时间优势。2019年，全国运输机场（不包括中国香港、澳门和台湾地区）完成旅客吞吐量13.52亿人次，货邮吞吐量1 710.01万吨，完成飞机起降架次1 166.05万架次。航空运输在国民经济发展，在国家、地区以及世界各城市间的交流与合作中起着越来越重要的作用。航空运输根据运输范围的不同，可以划分为国际运输和国内运输；根据运输的对象的不同，可以分为旅客运输、货物运输和邮件运输。

（二）通用航空

通用航空是指民用航空将航空运输划出去之后的其余部分的航空活动，范围比较广泛。根据国际民用航空组织的分类，通用航空可以划分为航空作业和其他类通用航空两个部分。需要补充的是有些国家同国际民用航空组织一样，把航空作业单独作为一类航空，其他类的通用航空称为通用航空，但中国把航空作业和其他类通用航空两类合并称为通用航空。

1. 航空作业

航空作业在我国也称为专业航空，是指使用航空器进行专业性工作，提供专业性操作，在工业、农业以及其他行业进行的航空服务活动。主要包括以下几类：（1）工业航空，例如：使用航空器进行航空摄影、航空测绘、海上采油等航空活动；（2）农林牧渔业航空，例如：使用航空器进行森林灭火、除虫、撒播树种草种、播洒农药等航空活动；（3）航空科研和探险活动，例如：新飞机试飞、使用航空器进行新技术验证和探险活动等；（4）航空在其他专业领域中的应用，例如：使用航空器进行巡逻、展开搜寻、救助、医疗等航空活动。

2. 其他类通用航空

其他类通用航空主要包括以下四类：（1）公务航空，通常是大企业或事业单位以及政府单位自备航空器为其自身业务服务以及进行出租服务业务的航空活动；（2）私人航空，个人拥有航空器开展航空活动；（3）飞行训练，通常是俱乐部或者学校为培养各类飞行人员开展的航空活动；（4）航空体育活动，使用各类航空器进行的体育和娱乐活动，例如：高空跳伞、滑翔运动、热气球飞行等。

截至 2019 年底，我国获得通用航空经营许可证的通用航空企业 478 家。通用航空在册航空器总数达到 2 707 架，其中教学训练用飞机 849 架。全行业颁证通用机场数量达到 246 个。2019 年，全行业完成通用航空生产飞行 106.50 万小时，主要分布在载客类作业 9.95 万小时、作业类作业 16.05 万小时、培训类作业 38.66 万小时、其他类作业 5.32 万小时和非经营类作业 36.52 万小时。

三、民用航空系统的介绍

纵观世界民航业，不同国家由于政治体制、经济体制、经济发展水平等方面的不同，民用航空的组织管理体制也各不相同，但整体上民用航空系统的构成要素有相似之处。

根据职能、业务范围以及组织结构的差异，民用航空系统主要包括以下几个部分：民航政府部门、航空运输企业、民航运输机场、民航空中交通管理机构、航空运输服务保障类企业、其他企事业单位、从事民航运输的相关专业人员以及参与通用航空各种活动的个人和企事业单位。本书以中国民用航空系统的构成进行举例说明。

（一）民航政府部门

中国政府管理和协调中国民用航空运输业务的最高管理机构是中国民用航空局，

简称中国民航局或者民航局（Civil Aviation Administration of China，CAAC），隶属交通运输部。

中国民用航空局作为中华人民共和国国务院主管民航事务的机构，主要的职能是对民航生产、运营等环节进行日常的监督和管理，具体包括：

第一，提出民航行业发展战略和中长期规划、起草相关法律法规草案、政策和标准，推进我国民航行业体制改革和发展工作。

第二，承担民航飞行安全和地面安全监管责任。例如：负责民用航空器运营人、航空人员训练机构、民用航空产品及维修单位的审定和监督检查，负责危险品航空运输监管，负责机场飞行程序和运行最低标准监督管理工作等。

第三，负责民航空中交通管理工作。例如：编制民航空域规划，负责民航航路的建设和管理等工作。

第四，承担民航空防安全监管责任，拟定民用航空器事故及事故征候标准，按规定调查处理民用航空器事故。

第五，负责民航机场建设和安全运行的监督管理，承担航空运输和通用航空市场监管责任。

第六，拟定民航行业价格、收费政策并监督实施，提出民航行业财税等政策建议。

第七，负责民航国际合作与外事工作，维护国家航空权益，开展与我国港澳台地区的交流与合作。

中国民用航空局的组织结构可以从三个方面进行介绍：内设机构、下设的地区管理局（代表民航局对辖区内的民航活动实施监管）、直属机构。如表1-1所示。

表1-1　中国民用航空局组织结构

	内设机构	下设的地区管理局	直属机构
中国民用航空局 （www.caac.gov.cn）	综合司、航空安全办公室、政策法规司、发展计划司、财务司、人事科教司、国际司（港澳台办公室）、运输司、飞行标准司、航空器适航审定司、机场司、空管行业管理办公室、公安局等。	华北地区管理局、东北地区管理局、华东地区管理局、中南地区管理局、西南地区管理局、西北地区管理局、新疆管理局七个地区管理局。	空中交通管理局、中国民航大学、中国民航飞行学院、中国民航管理干部学院、中国民航科学技术研究院、中国民航报社出版社、清算中心、信息中心、首都机场集团、国际合作中心、中国民用航空发动机适航审定中心等17家单位。

对于我国民航系统而言，中国民用航空局就好比是一个大管家，大到行业发展规划的制定、民航法律法规和标准的起草，代表国家参与国际间民航事务的谈判、交流与合作；具体到机场规划建设、民航行业安全监管和市场监管、管理民航空中交通管理工作等，统筹管理我国民航事务的方方面面。

（二）航空运输企业

航空运输企业即行业内通常所说的航空公司，是指使用民航运输飞机从事生产运输经营活动，为社会机构和公众提供服务的企业。航空公司为社会机构和公众提供的客货邮运输产品是民航业生产收入的主要来源。根据企业运输对象以及运输飞机机型的不同可以分为客货运混合航空公司和全货运航空公司。截至 2019 年底，我国共有运输航空公司 62 家。按不同所有制类别划分：国有控股公司 48 家，民营和民营控股公司 14 家。在全部运输航空公司中，全货运航空公司 9 家，中外合资航空公司 10 家，上市公司 8 家。其中国有控股航空公司包括中国国际航空公司、东方航空公司、南方航空公司等 48 家；民营和民营控股航空公司包括海南航空公司、吉祥航空公司、春秋航空公司等 14 家；专门从事国内（含港澳台）、国际航空货邮运输业务的全货运航空公司包括中国国际货运航空公司、中国货运航空公司、顺丰航空公司等 9 家。

（三）民航运输机场

民航运输机场即行业内通常所说的机场，是陆空运输的结合点，是为航空运输企业组织航班、组织旅客和货物集散提供服务，同时也为航空器起降、停放、维修提供相应的场地和设施。

民航运输机场主要包括两个部分：（1）"空侧"（或称为"场区"），其中包括跑道、滑行道、停机坪、飞机维护区、空中交通管制设施与设备以及上述设施的周边区域；（2）"陆侧"，包括旅客候机楼、货运航站以及其他配套支持设施或保障建筑物（例如机场行政管理、公共设施、餐饮设施等）、地面通道设施（例如路边人行道、进出通道、汽车停车场/停车楼、铁路车站等），以及其他位于机场范围之内的非航空设施（例如酒店、办公楼、购物区等）。

民航机场的收入来源主要包括航空使用费（或称为航空性业务收入）和非航空使用费（或称为非航空性业务收入）两个部分。航空使用费是直接与飞机、机上旅客以及货物处理相关的服务及设施的使用费。包括：航空公司因使用机场跑道和滑行道起飞和降落需支付的起降费，停机坪或机库使用费，各种旅客服务费，与飞机服务、旅客及其行李处理相关的地面处置费等内容。非航空使用费是附加（或称为"增值"）服务、设施和设备的使用费，其收费范围比较广泛。主要包括：免税店和零售商店、餐馆、银行和货币兑换处以及其他需要由机场提供场地的业务支付给机场运营商的特许经营费，短期和长期停车费，机场土地、建筑内部空间、广告位和各种设备的租赁费用等内容。

截至 2019 年底，我国共有颁证运输机场 238 个，比 2018 年底净增 3 个。2019 年，全国民航运输机场完成旅客吞吐量 13.52 亿人次，比 2018 年增长 6.9%；完成货邮吞吐量 1 710.01 万吨，比 2018 年增长 2.1%；完成起降架次 1 166.05 万架次，比 2018 年增长 5.2%，其中运输架次 986.82 万架次，比 2018 年增长 5.3%。

（四）民航空中交通管理机构

空中交通管理机构是为确保空中交通安全、正常、高效飞行而设置的空中交通服务机构，其主要职能包括空中交通服务、空域管理和空中交通流量管理三个部分。我国民航空中交通管理机构设立中国民用航空局空中交通管理局（简称中国民航局空管局），是中国民航局的直属机构，统管我国民航空管系统的一体化管理和运行。中国民航空管局下设七个地区空中交通管理局（简称地区空管局），地区空管局下设数量不等的空中交通管理分局（站）（简称"空管分局"或"站"）。目前，中国民航空中交通管理机构形成中国民航局空管局、地区管理局和空管分局三级运行管理体系，承担民航空管系统的日常业务管理职能，确保民航空中交通管理业务的顺利实施。中国民用航空空中交通管理三级机构如图 1-1 所示。

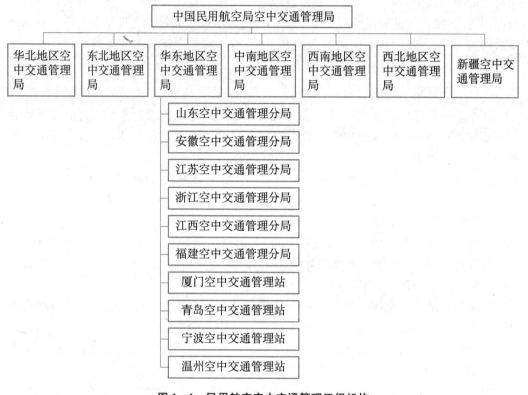

图 1-1 民用航空空中交通管理三级机构

（五）航空运输服务保障类企业

航空运输服务保障类企业是民用航空系统按照专业化分工进行划分的。目前，我国的航空运输服务保障类企业主要包括：专门从事航空油料供应保障业务的中国航空油料集团公司、从事航空器材（飞机、发动机等）进出口业务的中国航空器材集团公司、专门从事民航运输信息化系统（例如机场离港系统、旅客订座系统、飞机载重平衡系统等）建设的中国民航信息集团公司、为各航空公司提供航空运输国际结算服务的中国航空结算有限责任公司、飞机维修企业和航空食品公司等。

（六）其他企事业单位

其他企事业单位包括民航高等院校、医院、研究单位。中国民航大学、中国民航飞行学院、中国民航管理干部学院、中国民航科学技术研究院等高校和科研院所作为中国民用航空局直属单位，主要为民航系统提供人才支撑和技术支持。

（七）民航从业人员

民航从业人员群体十分庞大，来自民航系统的各个组成部分。本书的民航从业人员主要指直接参与航班运行的空勤和地面保障人员。空勤人员主要包括航空器驾驶员、乘务员和安全员。地面保障人员主要包括：飞行签派员、空中交通管制员、机务维修人员、机场安检员、值机员、航空器监护员等。

（八）参与通用航空活动的个人和企事业单位

参与通用航空活动的个人和企事业单位是针对通用航空而言，主要包括通用航空运输企业、飞行训练学校、航空体育企事业单位以及拥有飞机的个人和企事业单位。

民用航空系统是一个复杂的系统，需要上述每个子系统的参与和配合，才能安全、正常和有效率的开展航空运输和通用航空活动。

第二节　世界民航的发展历史

一、探索与早期发展阶段（1783—1945）

自古以来人类就怀有飞行的理想，这种理想来自生产、生活和对自由飞行的向往。但在社会生产力低下的年代，这种理想始终不能实现，只能在神话和传说中寄托自己的渴望。随着社会生产力的不断提高和科学技术的不断发展，人类对飞行不断做出勇敢的尝试。

随着生产力的不断发展，人类创造航空器的兴趣越来越浓，先后出现了风筝、竹蜻蜓等，如图 1－2 所示。

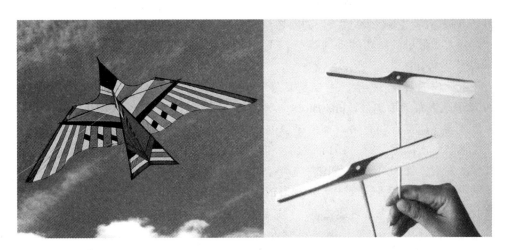

图 1－2　人类对飞行的探索

　　人类乘坐航空器的第一次空中航行始于首次制造成功载人气球的来自法国的蒙哥尔费兄弟（J. M. Montgolfier, J. E. Montgolfier,）。他们于 1783 年 6 月 4 日进行了自己制作的热气球表演，9 月 19 日他们用一只更大的热气球，载上羊、公鸡和鸭各一只，飞行 8 分钟后安全降落。蒙哥尔费兄弟的热气球如图 1-3 所示。10 月 15 日 F. P. 罗齐埃乘热空气气球上升到 26m，飞行 4.5 分钟，同年 11 月 21 日，F. P. 罗齐埃和 M. 达尔朗德又乘热空气气球做了一次自由飞行，在约 1 000m 的高度上用 25 分钟飞行了约 12km。随后德国人开始用气球运送邮件和乘客，这是民用航空的开始。

　　气球的缺点是随风飘流，不能控制前进方向，人们后来发明了带有动力且可操纵的气球即飞艇，最早的飞艇是法国 H. 吉法尔于 1852 年制成的蒸汽气球，其气囊形如雪茄，下悬吊舱，上装蒸汽机，带动 3 叶螺旋桨，并有方向舵。1852 年 9 月 24 日，吉法尔驾驶这艘飞艇由巴黎飞到特拉普斯，航程约 28km。速度约每小时 10km，如图 1-4 所示。

图 1-3　蒙哥尔费兄弟的热气球

图 1-4　H. 吉法尔的第一艘飞艇

　　航空事业的真正开拓是在飞机这种重于空气的航空器出现以后。科学家们在空气动力学理论、飞机的构造和操纵的实践上为飞机的出现奠定了基础。1903 年，美国的莱特兄弟制造的"飞行者"1 号飞机飞了 4 次，第四次飞行距离约为 260m，留空 59 秒，这是人类最早的持续的动力飞行，飞机从此诞生了。莱特兄弟制造的第一架飞机"飞行者"1 号如图 1-5 所示。

　　飞机诞生的最初 10 年，主要是发展和研究阶段。在这期间，最著名的事件就是 1909 年法国人布莱里奥（Louis Bleriot）驾驶自行研制的布雷里奥 XI 型（Bleriot XI）单翼机成功飞越英吉利海峡，布莱里奥的飞行速度约为 72km/h，耗时 36 分半，开创了历史上第一次国际航行。1914—1918 年，飞机主要用于军事用途，极大地推动了航空技术的发展。1919 年初，德国首先开始了国内的民航运输，同年 8 月 25 日，英法建立了国际定期空中客运航线，不久就形成了航空运输网络。这一时期，飞机的飞行性能已有显著的提高，飞行时速由 80～115km/h 提高到 180～220km/h，升限由 3 000～5 000m 提高到 8 000m，航程增大到 440km。

　　1919 年是民用航空正式开始的一年。从 1919 年到 1939 年这 20 年间是民用航空事业初创并发展的年代，民用航空迅速从欧洲发展到北美，然后普及到亚、非、拉美各洲，并迅速扩展到全球各地。中国也在 1920 年开始建立了第一条航线：北京至天津

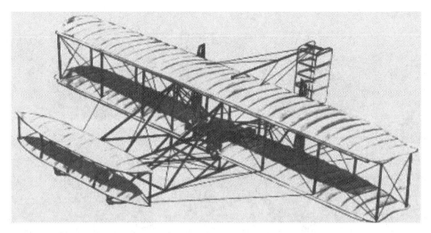

图 1-5 莱特兄弟制造的第一架飞机"飞行者"1 号

航线。

1939 年第二次世界大战爆发,民航运输发展的正常进程被中断。在二战期间,航空技术取得了飞跃发展。1939 年,喷气式飞机在德国首次出现。飞机在战争中大量的使用,为日后民航的大发展奠定了基础。

二、大发展时期（1945—1958）

1945 年第二次世界大战结束后到 1958 年,民用航空经历了恢复和大发展时期。在这一时期,成立了国际民航组织,喷气式飞机进入民航运输领域。

1944 年,正当欧亚战场激战正酣之时,国际航空界敏锐地预见到,第二次世界大战结束时,需要构建新的国际民用航空秩序来保障战后国际民用航空运输业的发展。于是,美国邀请 55 个国家于 1944 年 11 月 1 日前往芝加哥参加国际民用航空会议,规划国际民航未来的发展。会议从 11 月 1 日持续到 12 月 7 日,通过了新的《国际民用航空公约》（简称《芝加哥公约》）,52 个国家在公约上签字。芝加哥国际民用航空会议预见到应该建立一个常设性国际组织——国际民航组织。会议根据《国际民用航空临时协定》成立了临时国际民航组织（PICAO）,在公约生效前充当临时咨询和协调机构。1947 年 4 月 4 日,在交存的批准书达到法定数量后,《国际民用航空公约》生效,国际民航组织（International Civil Aviation Origination,ICAO）正式成立,开启了国际民用航空的新时代。至此,世界范围内有了统一的民用航空管理和协调机构,各个国家随即建立起相应的民航主管当局,代表政府加入这一国际民航组织,民用航空自此有了世界范围内统一的规章制度,国际航空业务迅速发展,截止到 2019 年 10 月,成员国数量达到 193 个。

随着航空业的不断发展,世界上许多飞机设计师都在探索使飞机飞得更快的办法。他们在实践中发现,活塞式飞机已接近时速 750 千米,升限 12 000 米的极限。要使飞机飞得更快更高,必须更换发动机。于是,喷气式飞机诞生了。1950 年世界上第一架涡轮螺旋桨喷气客机——英国的"子爵号"投入使用,如图 1-6 所示,因其推力主要来自螺旋桨,速度的提高与活塞式飞机相比并不大,喷气式飞机在民航上的优势并没有充分展现。

图 1-6　英国的"子爵号"飞机

第一架纯涡轮喷气发动机的喷气式民航飞机是英国的"彗星号"，如图 1-7 所示，并于 1952 年开始在航线上使用。在 1953 年 5 月到 1954 年 4 月之间，"彗星"号连续 3 次失事，主要是疲劳断裂问题。"彗星"号虽遭失败，但已经显示了喷气民航飞机的优越性。

图 1-7　英国"彗星号"飞机

在这以后，航线上飞行的喷气式民航飞机包括苏联的图-104（1956 年）和美国的波音 707（1958 年）。波音 707 的速度能够达到 900～1 000km/h。50 年代末又出现了同类型的喷气民航飞机 DC-8 和康维尔 880/990，这些被称为第一代喷气民航飞机。从 1956 年起，喷气式民航飞机数量日增，成为民航运输的主力。

三、全球化时期（1958 年至今）

1958 年，随着喷气式飞机的大量使用，整个民航系统发生了很大的变化。由于喷气式飞机的尺寸、重量、噪音等问题，机场系统、航行管理系统都进行了改造和更新，

1958 年民用喷气式飞机标志着民用航空进入一个新的发展阶段。

20 世纪 70 年代以后，民航飞机朝着大型化和高速度的方向发展。1970 年波音公司的 B747 宽体客机投入航线是民航客机大型化的一个重要标志。1969 年底，英法合制的超音速客机"协和号"投入航线运营，标志着民航客机朝着高速度发展的一个趋势。1995 年全球最大的双引擎宽体客机 B777 投入运营，具有座舱布局灵活、航程范围大等特点。空中客车 A380 是欧洲空中客车公司制造的全球最大的宽体客机，是全球载客量最高的客机，于 2005 年 4 月 27 日完成首飞，2007 年 10 月 25 日投入使用。

在这一时期，在航空运输的管理上，美国于 1978 年实行的航空业放松管制对于促进世界范围内航空运输的大发展发挥了重要的作用。航空运输牵涉国家安全和旅客安全，在 1978 年以前，各个国家对于航空公司实行严格的控制，主要是对票价和航空运输市场的进入进行把控，很多国家不允许私人企业经营航空公司，只有国有航空公司，有的国家是把航空运输企业作为国家机构或军队的一个部分。受航空管制的影响，航空公司受民航管理当局的过度保护和严格控制，内部没有经营自主权，外部缺少竞争压力，服务质量差，票价居高不下。1978 年美国率先取消针对民用航空行业的经济管制，通过了《放松航空运输管制法案》，该法案强调政府减少对航空业的控制，通过采取航空公司自由进入市场和扩展业务、放开票价、不再限制合并等措施引导企业依靠市场力量进行自由竞争。取消针对航空行业的管制，或者称为允许航空市场"自由化"的做法，目前已经被世界上绝大多数工业化国家所接受。这不仅对各国的国内航空运输产生了巨大的影响，更重要的是，推动了高度竞争的国际航空业的持续发展。

21 世纪至今，世界经济更加一体化发展，人类生产活动方式也产生了重大变化，生产要素资源在世界范围内自由、快速的流动，这对世界民航业提出了更加自由化、多样化的要求；同时，进入 21 世纪，环境保护已经成为人类社会活动的一个重要的发展目标，这也对民航业提出了更高、更严格的节能和降低污染目标。世界民航业的变化主要体现在以下几个方面。

（一）全球航空业更加自由的天空开放协议

伴随着航空运输业监管环境的自由化趋势，多个国家通过多边国家航空协议或者双边航空协议逐步放松对外资航空公司所有权的比例，减少对国际航空运输市场的运力限制和运价制定的限制，同时开放航空自由权。例如国际航空市场管制放松的一个重要进展是 2001 年 5 月签署的多边开放天空亚太经合组织（APEC）协议。参与签署的国家包括美国及 5 个 APEC 国家：新加坡、文莱、智利、新西兰和秘鲁。APEC 协议授予所有缔约国第一至第六航权，且无须运价审批流程。在协议规定范围内，航空公司联盟伙伴可在所有航班上进行代码共享，并且缔约国的所有货运航班都享有第七航权。

（二）低成本航空公司的出现

管制放松与市场自由化产生的主要影响之一是全球范围内出现了新兴的低成本航空公司（LCC）。低成本航空公司只提供必要服务，并以低票价吸引旅客的航空公司在航空业达到所谓的"经济成熟"后呈现爆炸式增长。例如：美国西南航空公司、爱尔兰瑞安航空公司、英国易捷航空公司、马来西亚亚洲航空公司、中国春秋航空公司。创新的低成本航空公司进入市场，为消费者提供了低价航空旅行的新选择，并迫使业已成熟的传统网络型航空公司降低成本，提高生产率。

（三）航空制造技术的技术革新

2007年，空客公司研制生产的具有"空中巨无霸"之称的四引擎、555座级超大型远程宽体客机A380进行了首次商业飞行，满足了远距离点对点航线的直飞要求。2009年12月15日，波音公司推出全新机型B787，大量采用了先进复合材料，可实现超低燃料消耗、较低的污染排放，并打造高效益及舒适的客舱环境。波音787的基本型号标准三级客舱布局有223座位，航程达15 700公里，最高巡航速度可达945km/h。

第三节　中国民航的发展历史

一、中华人民共和国成立前的中国民航（1920—1949）

中国民航的发展要追溯到中国人制造的第一架飞机，如图1-8所示。1909年9月21日，由冯如制造的中国人的第一架飞机在美国奥克兰市郊区试飞成功。

图1-8　航空先驱冯如和他制造的第一架飞机

1910年8月，清政府拨款委任留日归来的刘佐成、李宝浚在北京南苑修建厂棚以制造飞机，并利用南苑驻军操场修建了中国第一个机场——北京南苑机场。1913年9月，中国第一所航空学校——北京南苑航空学校成立。1918年，北洋政府交通部成立了筹办航空事宜处，这是中国最早的民用航空管理机构。1920年开通的北京-天津航线是我国的第一条航线，中国民航由此拉开了序幕。1928年6月，南京国民政府交通部开始筹办民用航空。1929年5月，成立了沪蓉航空管理处，在上海、南京、汉口等地修建了5个飞机场。1930年，中美合资经营的中国航空公司（简称中航）成立。由国民政府交通部与美商飞运公司签订合同，首开沪蓉、沪粤和沪平三条航线。1931年，国民政府交通部与德国汉莎航空公司签约合办欧亚航空公司，经营上海-兰州-迪化

（今乌鲁木齐）、北平-广州、兰州-包头和西安-昆明等航线。1936 年，广州至河内的航线开通，这是我国第一条国际航线。

1941 年底，第二次世界大战中的太平洋战争爆发后，日军为了迫使重庆国民政府投降，对香港和仰光实行轰炸，接着又切断了滇缅公路，使大量的援华物资无法运进中国。面对如此严峻的局势，为保证二战亚洲战场上对日作战的军备物资，中美两国决定联合开辟新的国际运输线。于是诞生了举世闻名的"驼峰"航线。驼峰航线西起印度，进入中国的云南和四川省，航线全长 500 英里（804.672km），地势海拔大多在 4 500～5 500m，最高海拔达 7 000m，山峰起伏连绵，犹如骆驼的峰背，得名"驼峰航线"。该航线开通后，成为中国战场国际援助的"生命之路"。

二、中华人民共和国民航发展至今

中华人民共和国成立后，中国历史翻开了新的篇章，中国民航的发展也进入了新的阶段。新中国民航发展至今主要历经以下四个阶段。

（一）第一阶段（1949—1978 年）

1949 年至 1978 年是新中国民航事业发展的第一个时期。1949 年 11 月 2 日，中共中央政治局会议决定，在人民革命军事委员会下设民用航空局，受空军领导。同年 11 月 9 日，"两航起义"12 架飞机在中国航空公司总经理刘敬宜、中央航空公司总经理陈卓林的率领下飞回祖国大陆。两航起义归来的大批技术业务人员，成为新中国民航事业建设中一支主要技术业务骨干力量。1958 年 2 月 27 日，中国民用航空局划归交通部领导。1962 年，第二届全国人民代表大会常务委员会第五十三次会议决定民航局名称改为"中国民用航空总局"，由交通部署改为国务院直属局，其业务工作、党政工作、干部人事工作等均归空军直接负责管理。这一时期，中国民航由于领导体制几经改变，航空运输发展受政治、经济影响较大。1959 年，中国民航购买了伊尔 18 型飞机，标志着从使用活塞式螺旋桨飞机，过渡到使用涡轮螺旋桨飞机。1965 年到 1976 年，我国的民航业受到严重的干扰和破坏，处于停滞状态。1978 年，航空旅客运输量仅为 231 万人，运输总周转量 3 亿吨公里。

（二）第二阶段（1978—1987 年）

1978 年，党的十一届三中全会召开，党和国家的工作重心放到了国民经济的建设和发展上，并提出了改革开放的政策，中国民航开始了从计划经济到市场经济的根本性转变。这期间最大的转变是 1980 年军民分开，民航脱离军队建制，民航局从隶属于空军改为国务院直属机构，实行企业化管理。期间中国民航局政企合一，既是主管民航事务的政府部门，又是以"中国民航"名义直接经营航空运输、通用航空业务的全国性的企业。下设北京、上海、广州、成都、兰州（后迁至西安）、沈阳 6 个地区管理局。1980 年全民航只有 140 架运输机，机场只有 79 个，旅客运输量为 343 万人，年运输总周转量 4.29 亿吨公里，列世界民航第 35 位。

（三）第三阶段（1987—2002 年）

1987 年，中国民航最大的转变即是政企分开。中国政府对民航业进行以航空公司与机场分设为特征的体制改革，组建了 6 个国家骨干航空公司（中国国际航空公司、中国东方航空公司、中国南方航空公司、中国西南航空公司、中国西北航空公司、中国北方航空公司），并在原有管理局的基础上，组建了民航华北、华东、中南、西南、西北和东北六个地区管理局。此外，以经营通用航空业务为主并兼营航空运输业务的中国通用航空公司也于 1989 年 7 月成立。机场逐步下放到地方政府，进行带有公众服务性质的半企业化管理。

航空运输服务保障系统也按专业化分工的要求进行了相应改革。1990 年，在原民航各级供油部门的基础上组建了专门从事航空油料保障业务的中国航空油料总公司。该公司通过设在各个机场的分支机构为航空公司提供油料供应。类似的，还有从事航空器材（飞机、发动机等）进出口业务的中国航空器材公司、从事全国计算机订票销售系统管理与开发的计算机信息中心、为各航空公司提供航空运输国际结算服务的航空结算中心、飞机维修公司、航空食品公司等。

1993 年，中国民用航空局改称中国民用航空总局，属国务院直属机构，机构规格由副部级调整为正部级。

我国在 1996 年 3 月颁布并实行了《中华人民共和国民用航空法》，标志着我国民航正式迈向依法治理的阶段。

2002 年，民航行业完成旅客运输量 8 594 万人、货邮运输量 202 万吨；运输总周转量 165 亿吨公里，上升到世界第五位，我国成为民航大国。

（四）第四阶段（2002 年至今）

2002 年，中国民航业再次进行重组，重组后的变化主要包括以下五个方面。

1. 航空公司与服务保障企业联合重组

中国民航组建六大集团公司：中国航空集团公司、东方航空集团公司、南方航空集团公司、中国民航信息集团公司、中国航空油料集团公司、中国航空器材进出口集团公司，与中国民航总局脱钩，交由中央管理。

2. 民航监管机构改革

民航监管机构实现改革，中国民航总局下属 7 个地区管理局（华北、东北、华东、中南、西南、西北、新疆）和 26 个省级安全监督管理办公室对民航事务实施监管。2009 年，33 个安全监督管理办公室升格为安全监督管理局。

3. 机场实行属地管理

按照政企分开，属地管理的原则，中国民航总局对 90 个机场进行了属地化管理改革，中国民航总局直接管理的机场下放所在省（区、市），相关资产、负债和人员一并划转；中国民航总局与地方政府联合管理的民用机场和军民合用机场，属中国民航总局管理的资产、负债继续相关人员一并划转所在省（区、市）管理。首都机场、西藏自治区内的民用机场继续由中国民航总局管理。2004 年 7 月 8 日，随着甘肃机场移交地方，机场属地化管理改革全面完成，也标志着民航体制改革全面完成。

4. 世界民航大国地位进一步提升

2004 年 10 月 2 日，在国际民航组织第 35 届大会上，中国以高票首次当选该组织一类理事国。到 2009 年，我国民航在航空运输企业发展、机场建设力度、支线航空发展、通用航空建设，以及参与国际航空天空开放的自由化、全球化竞争中都取得了巨大进展。2009 年，我国年旅客运输量突破 2 亿人次，运输总周转量达到了 390 亿吨公里，位列全球第二位。

5. 世界民航大国向民航强国转变

2018 年 3 月，根据党的十九届三中全会审议通过的《深化党和国家机构改革方案》、国务院第一次常务会议审议通过的国务院部委管理的国家局设置方案，中国民用航空局由交通运输部管理。

截至 2019 年底，我国共有运输航空公司 62 家，比 2018 年底净增 2 家；民航全行业运输飞机期末在册架数 3 818 架，比 2018 年底增加 179 架；我国共有定期航班航线 5 521 条，国内航线 4 568 条，其中港澳台航线 111 条，国际航线 953 条；定期航班国内通航城市 234 个（不含中国香港、澳门和台湾），国际定期航班通航 65 个国家的 167 个城市；共有颁证运输机场 238 个，比 2018 年底净增 3 个。

2002 年，国务院批准 ARJ2－700 飞机项目立项，2008 年 11 月 28 日，ARJ2－700 成功首飞。这是中国第一次完全自主设计并制造的支线客机。C919 是中国继运 10 后自主设计、研制的第二种国产大型客机，是中国首款按照最新国际适航标准研制的干线民用飞机，具有完全自主知识产权。2017 年 5 月 5 日成功完成首飞，通过大飞机项目，我国将跻身于国际大型客机市场。

本章小结

航空领域包括航空制造业、军事航空和民用航空三部分，民用航空是航空活动的一部分。近年来，中国民航始终保持着较快的发展速度。2019 年，航空运输业全行业完成旅客运输量 65 993.42 万人次，完成货邮运输量 753.14 万吨。截至 2019 年底，获得通用航空经营许可证的通用航空企业 478 家，通用航空在册航空器总数达到 2 707 架。2019 年，通用航空全行业完成通用航空生产飞行 106.50 万小时。民用航空在我国经济和社会发展、百姓出行、工业农业等领域发挥着越来越重要的作用。中国民航在国务院民航主管部门的领导下朝着民航强国的目标奋勇前进。

复习与思考

一、选择题

1. 世界上第一个热气球的放飞者是法国的 （　　　）。

A. 罗伯特兄弟　　　B. 布莱恩兄弟　　　C. 蒙哥尔费兄弟　　　D. 莱特兄弟

2. 我国的第一条航线是 （　　　）。

A. 北京-广州　　　B. 北京-天津　　　C. 上海-兰州　　　D. 西安-昆明

3. 中国民用航空局的英文简称为 （　　　）。

A. FAA　　　B. CAAC　　　C. IATA　　　D. ICAO

4. 下列 （　　　）年是民用航空正式开始的一年。

A. 1914　　　　　　B. 1919　　　　　　C. 1939　　　　　　D. 1945

5. 1949 年 11 月 9 日，总部在香港的中国航空公司和中央航空公司在总经理刘敬宜和陈卓林的带领下，4 000 余名员工、12 架飞机飞向祖国大陆，这是奠定新中国民航基础的著名的"（　　）"。

A. 香港起义　　　　B. 驾机起义　　　　C. 两航起义　　　　D. 爱国起义

二、判断题

1. 中国创始的飞行家是冯如。（　　）

2. 中国历史上第一飞机场是南苑机场。（　　）

3. 民航的三大组成部分分别是政府、航空公司、民航机场。（　　）

4. 1910 年美国出现了第一个机场。（　　）

三、简答题

1. 民用航空的定义是什么？它与军事航空、航空制造业以及航空运输的区别有哪些？

2. 简述民用航空系统的构成。

3. 简述我国民航发展的关键阶段。

4. 简述中国民用航空局的重要职能。

5. 简述航空运输企业和机场在业务上的区别。

四、思考题

交通与运输的区别。

第二章
民航飞机的一般介绍

本章导航

　　民用航空器是民用航空活动的载体,目前世界范围内民用航空业使用最为广泛的航空器是飞机。本章主要介绍民航飞机的分类与性能、民航常见机型的一般介绍、飞机结构、飞机动力装置和飞机系统。

学习目标

知识目标

1. 了解民航飞机的分类
2. 了解民航飞机的性能
3. 了解干线飞机和支线飞机的常见机型
4. 了解常见机型的主要技术参数
5. 了解并掌握飞机机体结构的构成
6. 了解并掌握机翼和尾翼的结构以及各部件的作用
7. 了解航空发动机的分类
8. 了解并掌握辅助动力装置的作用
9. 了解飞机主要系统构成

能力目标

1. 具备深入了解和掌握民航飞机常见机型性能的理论知识
2. 具备将民航飞机结构与性能知识应用于工作实践的基础业务能力
3. 具备深入了解我国民航飞机制造技术水平的知识

第一节　民航飞机的分类与性能

一、民航飞机的分类

飞机是最主要的航空器，它的诞生正式宣告了人类进入航空时代。飞机的特征是带有动力驱动并具有固定机翼。民用航空器虽然种类很多，但飞机的数量占到98%以上。民航飞机主要包括用于商业飞行的航线飞机和用于通用航空的通用航空飞机两大类。

(一) 航线飞机

航线飞机也称运输机，分为运送旅客的客机和专门运送货物的货机。目前航线飞机主要有以下几种分类方式。

(1) 按航程的远近分类，可分为远程飞机、中程飞机和短程飞机。国际上通常的标准是航程在3 000km以下为短程客机，3 000～8 000km为中程客机，8 000km以上为远程客机。有时，会把航程在5 000km以内的飞机称为中短程客机，5 000km以上的飞机称为中远程客机。

(2) 按发动机类型分类，可分为活塞式飞机和喷气式飞机。1958年，喷气式飞机大批量投入使用，活塞式飞机由于速度慢、效益低逐渐被淘汰。

(3) 按照机身宽窄分类，可分为宽体客机和窄体客机。目前，宽体客机机身直径在3.75m以上，一般外直径5～6m，座舱通常有多个舱位等级，并且有两条走道，一排通常能够容纳7～10个座位。窄体飞机机身直径在3.75m以下，一般外直径在3～4m，座舱一般一排有2～6个座位，一条走道，也被称为单通道飞机。

我国的航线飞机通常分为干线飞机和支线飞机。干线飞机一般指客座数大于100个座位，用于国际航线和国内主要大城市之间干线上的飞机；支线飞机是指座位数一般在100座以下，航行于中心城市与小城市或小城市与小城市之间的客货运输机。

民航飞机按照用途可分为全客机、客货混装机、全货机和公务机。

(二) 通用航空飞机

通用航空是指包括除了进行运输运营以外的所有非军事用途的航空活动，内容比较广泛。通用航空使用的全部是小型飞机，起飞重量不超过50t（吨），一般可分为公务机、私人飞机、农业用机、教练机和多用途飞机等。

二、民航飞机的使用要求与性能

与其他几种运输方式相比，民航运输站从运营的角度对飞机提出了安全、快速、经济、舒适和符合环境保护的使用要求。

（一）使用要求

1. 安全性

航空安全是个巨大而复杂的问题，却也是世界民航永恒的话题。航空安全是整个行业经济可行性的基石所在。举例来说，2001年9月11日上午，美国两架被恐怖分子劫持的民航客机撞向纽约世界贸易中心双塔，另一组劫机者迫使第三架民航客机撞入华盛顿五角大楼，造成2 977名平民遇难及19名劫机者死亡，对美经济损失达2 000亿美元，这就是美国"9·11"事件。受"9·11"事件的影响，2001年第四季度全美客运量锐减了25%，直到2005年运输量才恢复到2000年的水平。

2. 快速性

与公路运输、铁路运输以及水路运输相比，航空运输的乘机手续预留时间较久，快速性就必须成为航空运输的竞争优势。自喷气式客机在20世纪50年代进入航空运输业以来，大型民航飞机的速度稳定在高亚音速范围：800～1 000km/h的水平。近年来，高铁技术发展迅速，高铁作为现代社会的一种新的运输方式，具有速度快、安全、节能等明显优势。高铁的节能效果非常明显，例如时速350km列车的能耗大约是大巴的三分之一、小汽车的六分之一、飞机的四分之一。放眼未来，民航飞机唯有不断提高巡航速度，持续保持快速性的竞争优势，才能在中远程距离运输中继续占据重要地位。

3. 经济性

整个民航系统收入的来源主要是客票销售收入和货主托运货物的费用，经济性是经营型航空运输企业对民航飞机的重要要求。经济性一方面体现在耗油率上，另一方面要考虑飞机在整个使用寿命期间的全部成本。民航飞机的经济性可以使整个民航运输业保持持续良好的发展状态。

4. 舒适性

自放松航空管制以来，航空运输市场竞争十分激烈。航空运输企业提供的产品具有同质性，旅客运输都是航空运输企业使用航空器将旅客从出发地运到目的地，那么舒适性就成为旅客选择民航运输、选择航空运输企业考虑的因素之一。另外，随着高铁技术的不断发展，高速铁路的不断提速，在中短程距离运输的竞争中，舒适性也成为旅客选择运输方式的重要因素之一。

5. 符合环境保护要求

航空运输生产会对机场周边环境和航路产生比较大的噪声污染和气体污染。21世纪的今天，随着地球人口的增多，地球环境压力比较大。降低噪声和气体污染是航空业发展面临的巨大挑战，发动机和飞机制造厂通过各种途径和技术不断提高飞机效能，减少排气污染，降低能耗，减少污染。

（二）飞行性能指标

从飞机本身的构造提出评价飞机性能的指标主要包括：飞多快，飞多高，飞多远和飞多久。

1. 最大平飞速度

飞机的最大平飞速度是指在水平直线飞行条件下，在一定飞行距离内（一般应不小于 3km）把发动机推力加到最大所能达到的最大平稳飞行速度。飞机的最大飞行速度与飞行高度有关，因为不同的高度，空气密度不相同，发动机推力和耗油率也会发生改变。

2. 升限

飞机上升所能达到的最大高度，叫作升限。飞行中，如果发动机的可用推力等于飞机的需用推力，则飞机保持一定的速度平飞；如果可用推力大于需用推力，则剩余推力可使飞机加速和上升。随着高度的增加，空气逐渐稀薄，进入发动机的空气越来越少，发动机的推力也越来越小，飞机上升会越来越慢。

3. 航程

飞机在无风大气中，沿预定的航线飞行，使用完规定的燃油所经过的水平距离称为航程。在一定的装载情况下，航程越大，经济性越好。对于一定机型的飞机来说，航程主要与装载的可用燃油量、发动机工作状态、飞行高度、飞行速度等参数有关。

4. 续航时间

续航时间是指飞机一次加油，在空中所能持续飞行的时间，又称为航时。对于一定机型的飞机来说，续航时间主要与装载的可用燃油量、发动机工作状态、飞行高度、飞行速度等参数有关。

第二节 民航飞机常见机型一般介绍

一、干线飞机

目前，世界上干线飞机的生产市场主要是由美国波音公司（Boeing）和欧洲空中客车公司（Airbus，简称空客公司）两家所垄断。

（一）波音公司

波音公司是世界上航空航天业的领袖公司，也是世界上最大的民用和军用飞机制造商之一。其前身是 1916 年由威廉、波音创立的太平洋航空制品公司，1934 年建立波音飞机公司，1961 年改为波音公司。1996 年波音收购了罗克韦尔公司的防务及空间系统部，1997 年波音与麦道公司合并。波音公司生产几乎所有类型的干线飞机。波音公司生产的在飞运输飞机的常见机型如表 2-1 所示。

表 2-1 波音公司代表机型 单位：架

座位级别	波音公司机型	2016 年我国飞机架数
400 座以上	B747-400	4
	B747-8	7
300～400 座	B777-200	11
	B777-300ER	49
200～300 座	B777-9	16
	B787-9	26
	B767-300	9
	B757-200	10
100～200 座	B737-900ER	3
	B737-900	5
	B737-800	977
	B737-700	166
	B737-300	4

数据来源：从统计看民航 2017。

从表 2-1 的数据来看，B737 系列是我国民航运输市场主要使用的机型。

1. B737 系列

B737 系列飞机是波音公司生产的一种中短程双发喷气式客机，2018 年 3 月 13 日，美国华盛顿州，一架 737MAX 客机是自 1967 年生产的第 1 万架波音 737 客机。B737 系列是民航历史上最成功的窄体民航客机系列。B737 主要针对中短程航线的需要，具有可靠、便捷且极具运营和维护成本经济性的特点。新一代 B737 主要包括 B737-600/-700/-800/-900。其中 700、800、900 型以 800 型为准，减少隔框，缩短机身为 600、700 型，加长型为 900 型，座位数 108～180。

B737-700 型飞机的技术参数如下：

最大座位数：149 座。

最大起飞重量：79 010kg。

最大油量航程：6 380km。

正常巡航速度：848km/h。

翼展×机长×机高：34.3m×33.6m×12.5m。

B737-800 的机型如图 2-1 所示。

B737-800 型飞机的技术参数如下：

最大座位数：189 座。

最大起飞重量：75 976kg。

最大油量航程：5 370km。

正常巡航速度：962km/h。

翼展×机长×机高：34.3m×39.5m×12.5m。

图 2-1　海南航空 B737-800 飞机

2. B747 系列

B747 飞机是波音公司研制生产的四发远程宽体民用运输机，是首架宽体喷气式客机。1965 年 8 月开始研制，1969 年 2 月原型机试飞，1970 年 1 月首架 B747 交付给泛美航空公司投入运营以来，一直是全球最大的民航机，直到 2007 年 A380 投入服务之前，波音 747 保持全世界载客量最高飞机的纪录长达 37 年。B747 系列飞机型号包括 B747-100/-200/-300/-400，1950 年 5 月起，除 B747-400 型号外，其他型号均已停产。波音 747-8 作为对竞争对手空中客车 A380 大型客机的回应，2005 年 11 月 14 日，波音公司正式启动了新型波音 747-8 项目。波音 747-8 采用波音 787 的技术，加强 747 的载客和载货能力，机身有两段地方共延长约 5.5m，典型三级客舱布局下 747-8 客机比 747-400 多出了 51 个座位。2012 年 4 月 25 日，波音公司向德国汉莎航空公司交付了第一架客运型 747-8 洲际客机。

B747-400 型飞机的技术参数如下：

座位数：标准布局 416（三级）座。

最大起飞重量：396 890kg。

最大油量航程：13 450km。

正常巡航速度：1 040km/h（0.85 马赫）。

翼展×机长×机高：64.4m×70.6m×19.4m。

3. B787 系列

波音 787 是波音公司于 2009 年 12 月 15 日推出的超远程中型客机，是航空史上首架超远程中型客机，是首款主要使用复合材料制造的主流客机，具有低燃料消耗、较低的污染排放、高效益等特点，如图 2-2 所示。B787 是双发宽体中远程客机，座位数

242～335 座，航程可覆盖 6 500～16 000km，巡航速度与 B747-400 相同。

图 2-2　南方航空 B787 飞机

（二）空客公司

空中客车公司是 1970 年于法国成立的一家民航飞机制造公司，其总部设在法国图卢兹。空客公司是世界领先的大型民用客机制造商，拥有规模庞大、技术先进和产品齐全的飞机系列，机型几乎涵盖了从短程到超远程的全部市场需求。空客公司的产品包括 15 种机型，分属四个系列：单通道的 A320 系列、宽体 A300/A310 系列、远程 A330/A340 系列和 A380 系列。

空中客车公司生产的在飞运输飞机的常见机型如表 2-2 所示。

表 2-2　空中客车公司代表机型　　　　　　　　　　　　　单位：架

座位级别	空客公司机型	2016 年我国飞机架数
400 座以上	A380	5
300～400 座	A330-200	100
	A330-300	85
200～300 座	A310-300	0
	A350-800	0
100～200 座	A321	273
	A320	726
	A320neo	2
	A319	179

数据来源：从统计看民航 2017。

从表 2-2 的数据来看，A320 和 A321 是我国民航运输市场主要使用的机型。

1. A380 系列

A380 系列是空客公司与波音公司在 400 座级以上级客机竞争的机型，是目前世界上最大的民用飞机，全机身双层客舱，四发宽体客机，如图 2-3 所示。

A380 系列飞机的技术参数如下：

座位数：标准布局 555（三级）座，最大 853 座。

最大起飞重量：560 000kg。

最大油量航程：15 700km。

正常巡航速度：1 040km/h（0.85 马赫）。

翼展×机长×机高：79.8m×72.8m×24.1m。

图 2-3　南方航空公司首架空中客车 A380 飞机

2. A320 系列

空中客车 A320 系列飞机是空中客车公司研制生产的单通道双发中短程 150 座级客机，包括 150 座的 A320、186 座的 A321、124 座的 A319 和 107 座的 A318 四种型号，四种型号的飞机拥有相同的基本座舱配置，从 107～221 座不等。空客 A320 机型如图 2-4 所示。

A320-200 系列飞机的技术参数如下：

座位数：150（两级）座，最大 180（单级）座。

最大起飞重量：77 000kg。

最大油量航程：15 700km。

正常巡航速度：955km/h（0.78 马赫）。

翼展×机长×机高：34.1m×37.6m×11.2m。

图 2 - 4　空中客车 A320 飞机

二、支线飞机

支线飞机是指载客 20~100 人，航程在 3 000km 以内的短程飞机。目前全球范围内支线飞机生产商比干线飞机生产商多，产品丰富。其中巴西航空工业公司和加拿大庞巴迪公司生产的产品共同占据了 70% 的份额。中国中航商用飞机有限公司研制生产出了双发动机支线客机 ARJ 飞机。

（一）巴西航空工业公司的 ERJ 飞机

E190，即 EMBRAERERJ - 190 型飞机，是由世界第三大商用飞机制造商、世界第一大支线飞机制造商——巴西航空工业公司研制的面向 21 世纪的 E 系列飞机中的一款。E190 飞机于 2004 年 3 月 12 日试飞，2005 年 9 月 2 日取得适航证并投入运营。E系列是为填补支线飞机和小型单通道干线喷气飞机之间的空白推出的具有高效率、经济性的特点，符合人机工程学原理的飞机。E 系列由四款机型组成，E170（70~78座）、E175（78~88 座）、E190（98~114 座）、E195（108~122 座）。我国的支线客机市场主要使用机型是 ERJ - 190，2016 我国使用的该机型的运输飞机的数量是 90 架。

（二）庞巴迪公司的 CRJ 飞机

庞巴迪公司是一家总部位于加拿大的国际性交通运输设备制造商，生产范围覆盖支线飞机、公务喷气式飞机以及铁路和轨道交通运输设备等。CRJ 系列飞机从 1987 年开始研制，最初定名为地区喷气，后改名为加空 RJ，进一步简化为 CRJ。CRJ 系列飞机包括 50 座的 CRJ - 100/- 200、70 座的 CRJ - 700，90 座的 CRJ - 900 和 100 座的CRJ - 1000。庞巴迪公司是目前唯一能提供 40~100 座的支线喷气式飞机系列的公司。

（三）中国商用飞机公司的 ARJ21 飞机

ARJ 支线客机是中国按照国际标准研制的具有自主知识产权的飞机。ARJ21 包括基本型、货运型和公务机型等系列型号。座位数为 78~90 座，最大油量航程是 3 700km，最大巡航速度为 823km/h。ARJ21 飞机如图 2 - 5 所示。

图 2-5 成都航空 ARJ21 飞机

第三节 飞机结构

飞机的基本结构称为机体。机体主要由机身、机翼、尾翼和起落架四个部分组成。

一、机身

机身是飞机的主体部分，把机翼、尾翼和起落架连在一起。机身包括机头、前机身、中部机身、后部机身和尾部机身。机头装置着驾驶舱，用来控制飞机；前中后机身部分是客舱或货舱，用来装载旅客、货物、燃油和设备；尾部机身和尾翼相连，同时安装有辅助动力装置（APU）。

机头驾驶舱中装置由各种仪表和操纵装置，以对飞机进行控制。驾驶舱的后部是机舱，根据要求可以是客舱或者货舱。客舱中装载旅客，要考虑到旅客的舒适性和安全性，除装有座椅外，还要有通风保暖设备、安全救生设备等。客舱内布置走道、厨房、厕所等旅客需要的空间，根据旅客数量设置相应数量的舱门、窗口、安全出口和其他检修、供货的进出口。客舱的下部都留出一部分作为装载旅客行李和货物的货舱。有的大型客机货舱内装有滑轨、绞盘和起重装置，主要考虑装货的需要和便利。

现代民航客机绝大多数是一个中间大、向两头缓慢收缩的流线体。机身头部略下垂以扩大驾驶员的视界，尾部略上翘以避免飞机着陆时机身尾部触地。机身截面多为圆形或近于圆形，机身中部有一个较长的等截面段，头部和尾部为收缩段，形成一个流线型，这样的机身具有较大的内部容积。机身的受力主要是机翼和尾翼上传来的垂直集中载荷和机翼上的侧向载荷，使机身产生扭转。现代飞机机身的结构大多是半硬壳式结构，由纵向金属大梁、桁条和横向的隔框组成骨架，外面覆盖金属蒙皮再和骨架铆接成一个整体，蒙皮也承担一部分力。目前也仍有一些小型飞机使用布蒙皮，骨架是和桥梁一样的构架，称为构架式机身。

二、机翼

机翼是飞机升力的主要来源，也被称为飞机的空气动力部件，是飞机必不可缺的一部分。机翼除了提供升力外，还作为油箱和起落架舱的安放位置，还可以吊装发动机。机翼分为四个部分：翼根、前缘、后缘和翼尖。翼根是机翼和机身的结合部分，承受着机身重力和升力产生的扭矩，是机翼受力最大的部位，同时也是结构强度最强的部位。

（一）机翼的形状

机翼的形状包括平面形状和剖面形状。机翼的平面形状主要包括矩形翼、梯形翼、椭圆翼、前掠翼、后掠翼和三角翼等，如图 2-6 所示。现代民航飞机采用的大多是后掠翼。机翼的剖面形状又称为翼型，指的是平行于飞机对称面的翼剖面。常见的翼型包括平凸翼型、对称翼型、双凸翼型等，如图 2-7 所示。

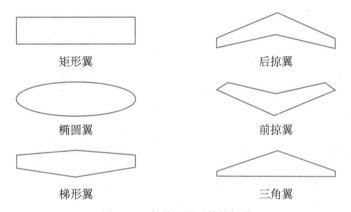

图 2-6　各种平面形状的机翼

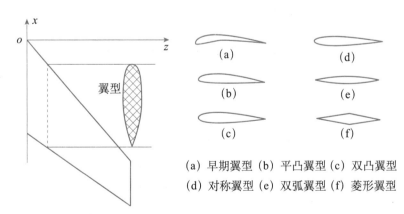

（a）早期翼型 （b）平凸翼型 （c）双凸翼型
（d）对称翼型 （e）双弧翼型 （f）菱形翼型

图 2-7　几种主要翼型

现代民航飞机采用的大多是后掠翼、平凸翼型、单机翼。根据机翼在机身上安装的位置分为三种：安装在机身下方的为下单翼飞机，安装在机身中部的称为中单翼飞机，安装在机身上部的称为上单翼飞机，如图2-8所示。

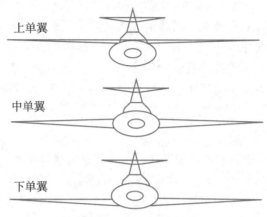

图2-8 机翼的配置

下单翼飞机机翼相对来讲离地面近，起落架可以做得短些；下单翼机翼两个主起落架之间距离较宽，可以增加降落的稳定性，同时起落架比较容易在机翼下方的起落架舱收放，可以减轻重量。另外，发动机和机翼离地面较近，做维修工作方便。下单翼飞机的翼梁在机身下部，机舱空间是不受影响的。目前的民航运输机大部分为下单翼飞机。中单翼飞机的气动外形是最好的，但因为大型飞机的翼梁要从机身内穿过，客舱容积受到严重影响，因而民航飞机不采用这种形式。上单翼布局机身离地面近，便于货物的装运，发动机可以安装得离地面较高，免受地面飞起的沙石的损害，其最大问题是起落架的安置，如果装在机翼上，则起落架势必很长，增加重量；如果装在机身上，则两个起落架间距宽度不够，影响飞机在地面上运动的稳定性。目前，大部分军事运输机和使用螺旋桨动力装置的运输飞机都采用这种布局。

机翼装在机身上的角度，成为安装角，是机翼与水平线所成的角度，安装角向上的称为上反角，向下的称为下反角，如图2-9所示。一般下单翼飞机都具有一定的上反角，上单翼飞机通常有一定的下反角，以保证有适当的侧向稳定性。

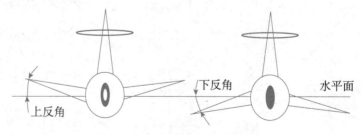

图2-9 飞机的上反角与下反角

（二）机翼的操纵面

机翼的前缘和后缘加装了很多改善或控制飞机空气动力性能的装置，主要包括副翼、襟翼、缝翼和扰流板，如图 2-10 所示。

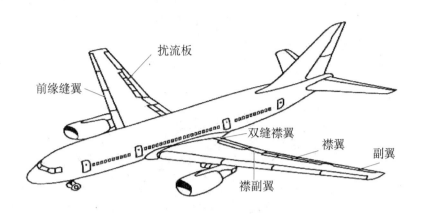

图 2-10　机翼上的操纵面

副翼一般安装在机翼翼尖后缘外侧或翼根后缘内侧。副翼可以上下偏转，用来操纵飞机的滚转。大型飞机在高速飞行时避免过大的舵面效应造成操纵过量，高速飞行时只使用内侧副翼。

襟翼和缝翼是两种常见的增升装置，一般用于飞机起飞和着陆阶段。襟翼安装在机翼后缘、副翼的内侧，它能够转动一定角度，有的襟翼类型在向下弯曲后还可以向后伸出一段距离，被称为后退襟翼。襟翼向下弯曲后，增大了翼型的相对弯度，向后伸出的襟翼同时增加了机翼面积，两个因素同时使升力增加，当然同时也会使阻力有所增加。飞机起飞和降落时都要增加升力，因而都要打开襟翼，而当飞机在空中的速度达到一定程度时为了减小阻力，就要收起襟翼。

缝翼是安装在机翼前缘的一段或者几段狭长的小翼，被称为前缘缝翼。缝翼向前移动时在机翼前部出现了一道缝隙，在上下翼面压力差的作用下，气流将从机翼的下表面通过缝隙流向上表面，这样使上表面气流加快，增大了上表面气流的整体动能，可以消除上表面后部形成的大部分气流旋涡，使升力增加，同时也增大了迎角，从而可以进一步提高升力。

飞机的扰流板是铰接在翼面上表面的板，按作用不同分为地面扰流板和飞行扰流板。地面扰流板只能在地面使用，当飞机着陆时，两侧扰流板完全放出，卸除机翼的升力，提高刹车效率，增大阻力，从而缩短飞机的着陆滑跑距离。飞行扰流板则既可在空中使用，也可在地面使用。飞行扰流板在地面使用时，与地面扰流板相似。在空中，飞行扰流板主要有两个作用：一是作为减速板使用；另一个作用是配合副翼进行横侧操纵，使一侧阻力上升，飞机侧倾。

（三）机翼的结构

机翼的结构由翼梁和桁条作为纵向骨架，翼肋做横向骨架，整个骨架外面蒙上蒙皮构成，如图 2-11 所示。翼梁承担着机翼上主要的作用力，桁条嵌在翼肋上以支持蒙皮，翼肋则保持着机翼的翼型，并支持着蒙皮承受空气动力，翼根部分与机身接头的位置承受着巨大的应力,因而这一部分要特别的坚固。机翼内部空间,除了安装机翼表面上各种附加翼面的操纵装置外,它的主要部分经密封后,作为存储燃料的油箱,大型喷气客机机翼上的燃油载量占全机燃油的 20%～25%,不少飞机的起落架舱安置在机翼中,大部分民航客机的发动机吊装在机翼下。

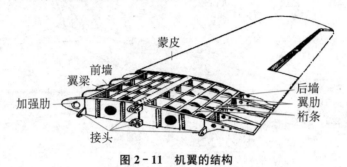

图 2-11　机翼的结构

三、尾翼

尾翼安装在飞机的尾部,起到稳定和操纵飞机的作用,如图 2-12 所示。尾翼结构构成方法与机翼相似,一般也是由翼梁、翼肋、桁条和蒙皮组成。尾翼一般分为水平尾翼和垂直尾翼。

图 2-12　尾翼

水平尾翼由水平安定面和升降舵组成。其中前半部分固定不动的为水平安定面,链接在安定面后面,可通过操纵实现上下偏转的为升降舵。水平安定面的作用是保持飞机在飞行纵向的稳定,升降舵的运动则可以控制飞机的俯仰操纵。现代高速客机的水平尾翼做成可以整体运动的,称为全动式尾翼,这样可以提高纵向操纵的效率。

垂直尾翼包括固定的垂直安定面和可动的方向舵。垂直安定面是垂直尾翼中的固定翼面部分。当飞机沿直线作近似匀速直线运动飞行时,垂直安定面不会对飞机产生额外的力矩,但当飞机受到气流的扰动,机头发生偏转时,此时作用在垂直安定面上的气动力就会产生一个与偏转方向相反的力矩,使飞机恢复到原来的飞行姿态。方向舵可以左右转动,用来控制飞机的方向。

尽管飞机有一定的稳定性,但在飞行中持续的爬升、下降,燃料的消耗,装载的变化,乘客的走动都会使飞机改变平衡状态,这就要求驾驶员操纵主操纵面达到新的平衡和稳定状态,并一直保持下去,如果持续时间较长,会使驾驶员疲劳,造成安全隐患。因此,为了减轻飞机驾驶员的驾驶负担,消除安全隐患,通常在升降舵和方向舵上加装小的铰接舵面，通常称为调整片或配平片由驾驶员控制，以代替操作主操纵面，用来使主操纵面保持在一定位置。

四、起落架

民用飞机绝大多数是在陆地起飞、着陆的，使用轮式起落架，本书只讨论轮式起落架。起落架的作用是在地面上用于飞机起飞、降落或地面滑行时支撑飞机并用于地面移动的附件装置。它除了承受飞机停放时的重力和运动时的动载荷外，还承受着着陆时很大的冲击载荷，直接影响飞机起降时的性能和安全。现代飞机的起落架一般包括刹车装置、减震装置、收放装置和前轮转弯机构几个部分。

现代航线飞机为了减少飞行中的空气阻力，大都采用可收放式起落架，飞行中，起落架可收入机身或机翼的起落架舱内，起落架的收放装置通常是通过液压传动装置实现的。通用航空中的很多小型飞机由于速度不高，为了减轻重量和降低成本采用固定的不收放的起落架，不设起落架舱。

目前民航飞机起落架的配置主要有前三点式和后三点式。前三点式起落架的承重起落架（主起落架）在重心之后，机头安装前起落架；后三点式起落架的承重起落架（主起落架）在重心之前，尾部安装尾轮和后起落架。如图 2-13 所示，左图为前三点式起落架形式，右图为后三点式起落架形式。

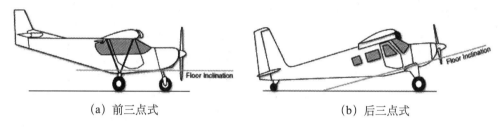

(a) 前三点式　　　　　　　　(b) 后三点式

图 2-13　起落架的配置形式

现代飞机上使用最广泛的是前三点式起落架。两个主轮保持一定间距，左右对称地布置在飞机重心稍后处，前轮布置在飞机头部的下方。飞机在地面滑行和停放时，机身地板基本处于水平位置，便于旅客登机和货物装卸。飞机落地时，除了承受自身的重力外，起落架还承受着巨大的冲力，冲击力可达到重力的 2～3 倍，为了减低轮胎对跑道的压力，大型飞机用增加机轮和支点数目的方法，以改善飞机在跑道上的起降与滑行能力。如目前最大的民航客机 A380 的主机起落架共有 22 个机轮，其中机翼下主起落架有 8 个，机腹主起落架有 12 个，前起落架有 2 个，如图 2-14 所示。早期螺旋桨飞机上广泛采用后三点式起落架。其特点是两个主轮（主起落架）布置在飞机的重心之前并靠近重心，尾轮远离重心布置在飞机的尾部。后三点式起落架构造简单，发动机安装方便，同时能在起降时增大迎角，提高升力，缩短滑跑距离。

飞机的地面制动装置是刹车盘。刹车盘装在主起落架机轮的轮毂内，由一组随机轮转动的刹车片和一组固定在轮轴上的固定刹车片组成，每一片动片对应一片定片，两者之间有一定间隙。在制动时通过活塞使定片压在转动片上，使机轮停止转动。刹车只在地面才起作用，方向舵只在高速时起作用，驾驶员通过脚蹬来进行控制，当脚

图 2 - 14　空客 A380 的主起落架配置

蹬在高位时控制方向舵，当脚蹬踩到下部时控制刹车。

　　起落架的减震功能是由轮胎和减震器实现的，轮胎按所充气密度分为高压轮胎（0.6～1MPa）、中压轮胎（0.3～0.6MPa）和低压轮胎（0.2～0.3MPa）。现代大型飞机都使用高压轮胎，使用油气减震器。飞机着陆时，活塞杆向上，使液体上升压缩空气，同时液体经小孔流入活塞，当活塞杆停止向上时，气体膨胀，液体回流，使活塞杆向下，这样反复运动，使冲击能量消耗在液体流动的摩擦和气体的膨胀压缩上，从而达到减震的效果。

　　前三点式起落架的飞机，前起落架上不装刹车，但装有操纵系统由驾驶员通过脚蹬或手柄操纵前轮转向，以控制飞机在地面运动时的转向。

第四节　飞机动力装置

　　飞机能够升空飞行离不开升力，升力的产生来源于飞机与空气产生相对运动时上下表面产生的压力差。产生相对运动，离不开飞机向前运动的推力，而飞机的动力装置就是飞机向前运动的动力来源。动力装置是指为飞机飞行提供动力的整个系统，包括发动机、螺旋桨和其他附件。

一、航空发动机分类

　　航空发动机共分为两大类：活塞式发动机和喷气式发动机。航空发动机的分类如图 2 - 15 所示。

　　活塞发动机也叫往复式发动机，是一种利用一个或者多个活塞将压力转换成旋转动能的发动机。活塞发动机是热机的一种，靠汽油、柴油等燃料提供动力，主要由气缸、活塞、连杆、曲轴、气门机构、螺旋桨减速器、机匣等组成。活塞式航空发动机是由汽车的活塞式发动机发展而来，大多是四冲程发动机，即一个气缸完成一个工作

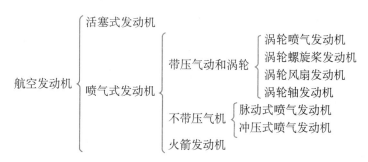

图 2-15 航空发动机分类

循环，活塞在气缸内要经过四个冲程，依次是进气冲程、压缩冲程、膨胀冲程和排气冲程。发动机除主要部件外，还须有若干辅助系统与之配合才能工作，主要有进气系统、燃油系统、点火系统、冷却系统、启动系统、定时系统、散热系统等。活塞式发动机只能为飞机提供轴功率，还要通过螺旋桨将发动机的轴功率转化为推进力，两者一起组成航空动力装置。螺旋桨在飞行速度大的时候推进效率急剧下降，因此活塞式发动机不能作为高速飞机、特别是超音速飞机的动力。由于活塞式发动机经济性能好、易于维护，因而它目前主要在小型、低速飞机、轻型直升机上广为应用。

随着人们对飞机飞行速度要求的提高，飞机的动力装置不断地进行革新。1939 年世界上第一架喷气式飞机在德国试飞，飞机的动力装置进入一个新纪元。喷气式发动机既能转换能量又产生推力，本身就是一个推进系统。喷气式发动机和活塞式发动机一样都是通过燃油在发动机内部的燃烧使燃料的化学能转变为机械能，利用反作用力把气体排向后方产生推力。但是两者有本质的区别。活塞式发动机需要借助螺旋桨的旋转，把外界的空气推向后方，空气对螺旋桨产生反作用力，使飞机前进。而喷气式发动机产生的推力则是由发动机内的气体燃烧膨胀向后排除，在发动机内部产生反作用力，使整个发动机受到向前的推力。民航喷气式发动机主要类型有涡轮喷气发动机、涡轮风扇发动机、涡轮螺旋桨发动机和涡轮轴发动机。螺旋桨活塞引擎飞机和喷气式飞机如图 2-16、图 2-17 所示。

图 2-16 螺旋桨活塞引擎飞机

图 2-17 喷气式飞机

二、涡轮风扇发动机

为了使喷气式飞机能在亚音速中实现低油耗飞行，20 世纪 60 年代出现了涡轮风扇发动机，它已经成为目前大型民航运输飞机唯一的动力装置。

涡轮风扇发动机由风扇、低压压气机、高压压气机、燃烧室、驱动压气机的高压涡轮、驱动风扇的低压涡轮和排气系统组成，如图 2-18 所示。

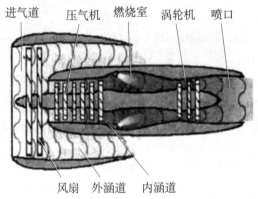

进气道　压气机　燃烧室　涡轮机　喷口

风扇　外涵道　内涵道

图 2-18　涡轮风扇发动机

其中高压压气机、燃烧室和高压涡轮三部分统称为核心机，由核心机排出的燃气中的可用能量，一部分传给低压涡轮用以驱动风扇，余下的部分在喷管中用于加速排出的燃气。风扇转子实际上是一级或几级叶片较长的压气机，空气流过风扇后，分成两路：一路是内涵气流，空气继续经压气机压缩，在燃烧室和燃油混合燃烧，燃气经涡轮和喷管膨胀，燃气以高速从尾部喷口排出，产生推力，流经路程为经低压压气机、高压压气机、燃烧室、高压涡轮、低压涡轮，燃气从喷管排出；另一路是外涵气流，风扇后空气经外涵道直接排入大气或同内涵燃气一起在喷管排出。

涡扇发动机的优点是推力大、推进效率高、噪声低、燃油消耗率低、飞机航程远，这是其在民航飞机上取代涡轮喷气发动机的重要原因。

三、发动机的安装

现代民航客机发动机的安装方式大多采用的是翼吊装置，如图 2-19 所示，其优点是：一是机翼受到向上的升力，发动机的重力向下可抵消一部分升力，使机翼受力减小；二是发动机进气不受干扰；三是飞机阻力在巡航飞行时较小；四是噪声小。缺点是：发动机远离机身轴线，如果有一台发动机失效，偏航力矩大，飞机的航向控制比较困难；发动机离地面较近，容易吸入异物。

还有一种方式是把发动机装在尾部的外侧的挂舱内，称为尾吊布局，如图 2-20 所示，其优点是：客舱内的噪声小，单发失效时偏航力矩小，机翼设计较为简单，可以安装奇数个发动机。其缺点是与翼吊布局相比，结构重量较大；尾翼受发动机排气的影响；飞机的重心靠后，装载时要注意配平。

图 2 - 19 发动机翼吊布局

图 2 - 20 发动机尾吊布局

四、辅助动力装置

大、中型飞机和直升机上，为了减少对地面（机场）供电设备的依赖，都装有独立的小型动力装置，称为辅助动力装置（Auxiliary Power Unit，APU）。APU 的作用是向飞机独立地提供电力和压缩空气。飞机在地面上起飞前，由 APU 来启动主发动机，从而不需要依靠地面的电源、气源来发动飞机；飞机在地面时，APU 提供电力和压缩空气，保证驾驶舱和客舱内的照明和空调；飞机起飞时，发动机功率可全部用于地面加速和爬升，改善起飞性能；飞机降落后，仍由 APU 提供电力照明和空调，主发动机可以提早关闭，从而节省燃油，同时也可以降低机场噪声。通常在飞机爬升到一定高度（5 000m 以下）辅助动力装置关闭。在飞行中若主发动机空中停车时，APU 可在一定高度（一般为 10 000m）以下的高空及时启动，为发动机重新启动提供动力。

现代化的大中型客机上，APU 是保证发动机停车后再启动的主要装备，它直接影响飞行安全。APU 又是保证飞机停放在地面时客舱舒适的必要条件。因此，APU 是飞机上一个重要的、不可或缺的系统。

第五节 飞机系统

飞机系统主要包括：飞机仪表系统、飞行管理系统、飞行数据记录系统、警告系统、液压系统、座舱环境控制系统、电气系统、燃油系统、防冰排雨系统、防火系统等，这些系统对于保障飞行安全、改善飞机性能起着关键作用。

一、飞机仪表系统

飞机仪表系统是飞机感知外部情况和控制飞行状态的核心，相当于飞机的电脑和神经系统，对于保障飞行安全起着关键作用。

（一）传统的飞机仪表系统

传统的飞行仪表主要包含以下几个仪表模块：气压高度表、空速表、升降速度表、地平仪、转弯侧滑仪和航向指示器。飞机仪表系统通过这些模块可为飞行员提供驾驶飞机所需的飞行参数、导航数据及飞机系统状态等信息如图 2-21 所示。

图 2-21 飞机仪表系统

驾驶员的中央正前方是姿态仪表（地平仪或姿态指示仪），由于飞机姿态关系到飞机的方向和俯仰，因而姿态仪表是飞行中和其他参数相关联的核心仪表。在它的左侧是空速表，右侧是高度表，把这些表的读数和姿态仪表联系在一起驾驶员就可以确定飞机的升力和高度，从而决定飞机的俯仰。姿态仪表的正下方是航向指示器，这两块表联系起来驾驶员就知道飞机处于什么方向，是否在偏转，从而决定飞机的航向操纵。这四块主要仪表构成了 T 形，这是操纵飞机的基本仪表。在左下角的协调转弯仪和右下角的升降速度表都是姿态仪表的辅助仪表，驾驶员根据它们的指示能更好地控制飞机的俯仰和转弯。

1. 气压高度表

气压高度表的工作原理是大气压随着高度升高呈线性下降趋势，通过测量某一高度的气压可以换算出相应的高度值。气压高度表的关键部分是表内的真空膜盒，膜盒的内腔被抽成真空密封，膜盒表面有一定弹性，表内的压力大时膜盒就被压紧，压力小时就膨胀，将压缩和膨胀位移经机械装置传送、放大到指示器上，就显示出了外界的大气压力。如果表盘上刻的是相应的高度，压力表就成了高度表。

2. 空速表

空速是飞行器相对周围空气的运动速度。空速表就是测量飞机空速的仪表，指针在总压和静压的作用下进行偏转。飞行员可以根据空速表的显示读数判断作用在飞机上的空气动力情况，进而正确地操纵飞机。通过空速还可以计算地速，从而确定已飞距离和待飞时间。

3. 升降速度表

飞机在飞行中，高度会发生变化，例如飞机爬升或下降。高度的变化率是单位时间内飞机高度的变化量，也可称为"升降速度""垂直速度"或"升降率"。升降速度表通过测量气压变化的快慢，来显示飞机的升降速度。

4. 地平仪

地平仪也称为姿态指示器，用来指示飞机与地平面之间的相对关系，即指示飞机的俯仰和倾斜角度。

5. 转弯侧滑仪

转弯侧滑仪是用来为驾驶员指示出偏航的角度和侧滑程度的仪表。飞机驾驶员可以通过转弯侧滑仪判断出飞机横侧平衡状态，完成相应的转弯动作。

6. 航向指示器

航向指示器也称为航向陀螺仪，它的陀螺指向在起始状态，飞机静止时或者平飞时要调整得和磁针指向一致，表盘中央的飞机标志固定，而表盘上的刻度盘随着机身偏航而转动，从而指出飞机的航向。

(二) 驾驶舱显示新技术

平视显示器（Head Up Display，HUD），是指将主要驾驶仪表姿态指引指示器和主要飞行参数投影到驾驶员的头盔前或风挡玻璃上的一种显示设备。它使得驾驶员向前平视机外的前方视景时能同时看到主要驾驶仪表及其重要的飞行参数。这是由军用飞机发展起来的，军机一般采用头盔式平视显示器，便于在搜索目标的同时驾驶飞机。目前民航飞机也开始采用，一般利用投影风挡玻璃上的平视显示器，主要用于进近着陆，能见度低的天气，可提高航班正点率。截止到 2018 年 12 月，中国民航加装 HUD设备的运输飞机已达 1 133 架，占机队总数的 1/3。根据民航局发布的《平视显示器应用发展线图》，到 2025 年，中国航空运营所有审定合格的航空器将全部安装并运行HUD 与 EVS（Enhanced Vision System，EVS）。EVS 即增强视景系统，能够为飞行员提供在低能见度条件下清晰的红外环境红外图像，有效增强飞行员的观察和识别能力，提升飞行员的态势感知能力，使飞机具备全天候起降能力。平视显示器和增强视景系统如图 2-22、图 2-23 所示。

图 2-22 平视显示器（HUD）

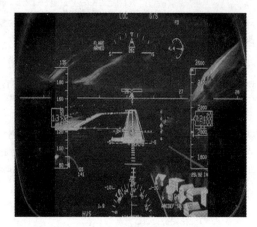

图 2-23 增强视景系统（EVS）

二、飞行管理系统

随着计算机能力的提高，人们不再满足于分别控制各个系统，而是要求把各个系统的计算机联成网络统一在一个主机的控制之下，经电传操纵实现飞行过程的全面自动化，驾驶员除了在必要时进行直接控制外，大部分时间可以用于监控仪表，并及时做出必要的调整，使驾驶员从一个操作员成为一个管理者。大量的信息进行传输和处理，这就形成了飞行管理系统（Flight Management System，FMS）。飞行管理系统是以飞行管理计算机系统为核心的高级区域导航、制导系统和性能管理系统。飞机在 FMS 的控制下，可以实现全自动导航，可以最佳的飞行路径、最佳的飞行剖面和最省油的飞行方式完成从起飞到进近着陆的整个飞行过程。

三、飞行数据记录系统

飞行数据记录系统俗称"黑匣子"，其作用是安装在民航飞机上用以记录重要的飞行数据以备维修使用或者在飞机发生意外后进行事故分析。

飞行数据记录系统包括两个部分：驾驶舱话音记录器（Cockpit Voice Recorder，CVR）和飞行数据记录器（Flight Data Recorder，FDR）。前者能把驾驶舱内发生的声音和飞行的各种性能数据记录在磁带上，包括驾驶舱中机组人员的通信联络话音，用无线电发送或接收的语音通信、驾驶舱中的声响、机组成员在驾驶舱中使用飞机内话系统进行的通话等。但记录器是循环记录的，新记录信息总是覆盖掉 2h 以前的信息，所以发生事故时，要保证记录器能够自动停止记录。录音磁带能防火、防水、防震。后者可记录飞行时的各种数据，包括：空中飞行速度、高度、航向、发动机推力数据和俯仰与滚转数据等。飞行数据记录仪装在一种耐高温、高压、防水和耐腐蚀的黑色金属盒子里。现代飞机的黑匣子已涂成橙色或黄色，但习惯上仍叫黑匣子。

四、警告系统

警告系统是用来提醒飞行机组人员在飞行中出现了需要采取措施或注意的情况。飞机碰撞失事主要有两种，空中飞机与飞机之间相撞和飞机与地面之间相撞。为防止两种碰撞情况发生，飞机上安装有空中交通警戒与防撞系统和近地警告系统。

（一）空中交通警戒与防撞系统

空中交通警戒与防撞系统，波音飞机上称 TCAS（Traffic Collision Avoidance System），空客飞机上称 ACAS（Airborne Collision Avoidance System），主要用于显示邻近飞机与本机的间距与航向，若是与其他飞机的距离或航向有相撞的危险时，空中交通警戒与防撞系统会用声音及显示警告驾驶员，并且会用语音指示避撞的动作，驾驶员通过这些信息可及时得到警告，采取措施防止空中相撞。

（二）近地警告系统

近地警告系统（Ground Proximity Warning System，GPWS）向驾驶员提供飞机在以不安全的方式或速度靠近地面的警告，防止发生因疏忽或计算不周而发生的触底事故，增加飞机安全性。

系统主要由近地警告计算机、警告灯和控制板组成，核心是近地警告计算机。计算机中存储了各种警告方式的极限数据，这些数据与其他系统输送来的飞机实际状态数据进行比较，例如来自无线电高度表的高度信号、来自大气数据计算机的气压高度和变化率等。如果这些数据超出了某一种警告方式的极限值，近地警告计算机即输出相应的语音和灯光警告信号，警告驾驶员目前飞机存在危险状态，直到驾驶员采取了适当的措施并脱离了不安全状态后灯光和语音警告信号才被终止。

五、液压系统

飞机液压系统是通过改变压强增大作用力，以油液为工作介质，利用液体静压驱动执行机构完成特定操纵动作的整套装置。为保证液压系统工作可靠，特别是提高飞行操纵系统液压动力源的可靠性，现代飞机上大多装有两套（或多套）相互独立的液压系统，分别称为公用液压系统和助力（操纵）液压系统。公用液压系统用于起落架、襟翼和减速板的收放，前轮转弯操纵，驱动风挡刮水器和燃油泵的液压马达等，同时还用于驱动部分副翼、升降舵（或全动平尾）和方向舵的助力器。助力液压系统仅用于驱动上述飞行操纵系统的助力器和阻尼舵机等。同时，系统中还并联有应急电动油泵和风动泵，当飞机发动机发生故障使液压系统失去能源时，可由应急电动油泵或伸出应急风动泵使液压系统继续工作。

六、座舱环境控制系统

现代客机广泛采用增压密封舱，一般来说，增压密封舱包括驾驶舱、客舱、设备舱及部分货舱。飞机座舱环境控制系统的基本任务是：在各种不同的飞行状态和外界条件下，使飞机的驾驶舱、旅客舱、设备舱及货舱具有良好的环境参数，以保证驾驶员和乘客的正常工作条件和生活环境，确保设备的正常工作及货物的安全。飞机座舱环境参数主要是指座舱空气的温度、压力和压力变化率，其他还包括空气的流速、湿度、清洁度和噪声等。

座舱环境控制系统包括三个大部分：增压座舱、空调系统和氧气系统。

高空的低气压会使人产生减压症状，因而在高空飞行时座舱和驾驶舱的气压要保持在一定的范围。现代飞机座舱内的压力高度一般保持在 1 800~2 400m，以保证乘客的舒适。增压座舱要有一定的密封性能，以保证舱内压力。气源来自发动机，喷气飞机由发动机的压气机引出的气体来加压，活塞式发动机则备有专用增压器为座舱增压，座舱的压力一般保持在 1 800~4 000m 的高度。飞行的高度越高，座舱外的压力越低，为保证座舱内外的压力差基本不变，座舱内的压力高度也得跟着变化，飞得越高，气体向外泄漏得越多，加压装置就要供应更多的空气，当加压装置供应的气体不足以保障 4 000m 高度的压力时，飞机也就到了它飞行高度的极限。

空调系统的功能是保证座舱内的温度、湿度适宜，保障舒适安全的飞行环境。空调系统由加热、通风和去湿等部分组成。小型飞机上，加热由电加热器或烧油的加热器完成，通风和去湿则由飞机前部向外界开孔把外界的冲压空气引入而完成。现代化的大型飞机上把控制飞机座舱内部的压力、温度、通风的机构组成一个完整的系统，由空调组件、分配管路和控制系统组成。

现代飞机的氧气系统只在紧急情况下救生使用，例如出现座舱失压、有烟雾或出现毒气时，氧气系统为乘客机组提供足够的呼吸用氧气。氧气系统由氧源、管路和面罩几部分组成。目前绝大多数客机有两套独立的氧气系统，一套供旅客使用，一套供飞行机组使用，为旅客供氧一般采用连续供氧系统，采用化学式氧气发生器作为氧气源。一旦舱内气压降到低于 14 000ft（4 268m）高气压时，旅客前方天花板的氧气面罩会自动脱落。

七、电气系统

飞机电气系统是飞机供电系统和用电设备的总称，由供电、配电、用电三个子系统组成。供电系统又称电源系统，为飞机上各种用电设备提供电源。机上供电使用单线制，即使用一条导线供电，回路由金属机身作为地线，控制开关使用电子式或电磁式，使整个系统安全可靠，重量减轻，即便如此，一架大型飞机上导线重达上百千克。配电系统亦称飞机配电线路系统，包括导线组成的电网、各种配电器件及监控和检查仪表。用电系统包括电动机、仪表、照明系统、加热设备几类。电动机用来起动发动机，操纵控制面，为液压机构提供动力源。仪表用电是飞机上要求最高的电源，要求供压稳定，如专门保护设备和应急供电备用系统。照明系统包括机上各种照明设备，以满足机内操作和夜间航行时机外灯光的各种需要。加热设备主要用于防冰和厨房食品加温。加热用电占飞机总发电量的一半以上。飞机供电系统的作用在于保证可靠地向用电设备，尤其是与安全飞行直接有关的重要用电设备提供符合要求的电能。飞机供电系统的可靠性要求比一般地面供电系统高得多，因此常采用多种措施来满足这些要求，如采用余度技术、故障状态下的负载管理和应急电源等。

八、燃油系统

飞机燃油系统用于存储飞行所需要的燃油，在各种规定的飞行状态和工作条件下安全可靠地向发动机和APU供油，以及冷却机上其他系统（如滑油、液压油、附件等）、平衡飞机、保持飞机重心于规定的范围内等附加功能。燃油系统主要有两种形式，重力供油式和油泵压力供油式。重力供油式构造比较简单，多用于活塞式发动机的轻型飞机。这种系统的油箱必须高于发动机，在正常情况下燃油靠重力流进发动机汽化器。现代喷气飞机都采用油泵压力供油式燃油系统。油箱内的燃油被增压油泵压向发动机主油泵，燃气系统较为复杂。

九、防冰、排雨系统

防冰系统，用以防止或消除飞行中的飞机表面某些部位积冰的系统。飞机表面任何部位结冰都会对飞行安全和飞机性能产生极大的影响。

防止或消除结冰采用四种方式：气热防冰、电热防冰、化学溶液防冰和机械除冰。气热防冰主要是利用来自发动机的热空气或将电能转变为热能，给飞机上易于积冰的表面加温，以防止积冰或融化冰层。电热防冰是利用电阻把电能转化为热能进行防冰。化学溶液防冰是把凝固点很低的防冰液喷于飞机容易积冰的部位，如风挡等处。机械除冰是采用机械方法使冰层脱落，多是在部件表面设置气动带，借其胀缩鼓动，抖落积冰，常用于低速飞机机翼和尾翼的前缘部分。

飞机排雨装置或系统主要是防止雨水在风挡玻璃上聚集，因为这会影响驾驶员的视线。中小型飞机采用和汽车同样的雨刷刮去雨水，这种雨刷要承担更大的速度和空气动力载荷，功率更大。大型飞机多使用化学液体喷洒在风挡上，这种防雨液的作用是使雨水聚集成球状、不在玻璃上依附，可以被风吹走，不影响视线。

十、防火系统

飞机防火系统是指防止飞机发生火灾所采用的全部装置。一般由三部分组成：一是结构选材，机舱内装饰使用阻燃材料。油箱内充填不可燃烧的惰性气体，防止燃油及蒸汽起火。二是火警告示系统，在客舱和发动机舱内装置火警探测器，感受区域内的温度及烟雾状况，当有明火或超温时，火警传感器工作，使驾驶舱内有声及灯光信号显示，告知驾驶员失火区域及状态。此系统通常与飞机灭火系统并联工作。三是灭火系统，直接扑灭机舱、发动机舱和设备舱中火焰的装置，如客舱内手提灭火器、防火斧，发动机供油管路上的防火开关，发动机舱内的灭火环和灭火器等。

本章小结

民航飞机是最主要的民用航空器，包括分别用于航空运输的航线飞机和用于通用航空的通用飞机两大类。航线飞机也称运输机，分为运送旅客的客机和专门运送货物的货机。与其他几种运输方式相比，站在运营的角度，民航运输业对飞机提出了安全、快速、经济、舒适和符合环境保护的使用要求；其性能指标又包括最大平飞速度、升限、航程和续航时间。飞机主要由机身、机翼、尾翼、起落架、动力装置和飞机系统组成。目前我国民航航线飞机使用最多的机型是美国波音公司生产的 B737 系列和欧洲空客公司生产的空客 A320 系列飞机。

复习与思考

一、选择题

1. 轻于空气但带有动力装置的航空器是（　　）。

A. 飞艇　　　　　　B. 飞机　　　　　　C. 热气球　　　　　　D. 滑翔机

2. （　　）是飞机的心脏。

A. 电子仪表系统　　B. 发动机　　　　　C. 起落架　　　　　　D. 氧气系统

3. 现代大型民航客机大部分采用（　　）布局。

A. 上单翼　　　　　B. 中单翼　　　　　C. 下单翼　　　　　　D. 平直翼

4. 飞机升力的主要来源是（　　）。

A. 机身　　　　　　B. 尾翼　　　　　　C. 机翼　　　　　　　D. 发动机

5. 窄体机的界定是机身直径在（　　）m 以下，机内有 1 条通道。

A. 3.75　　　　　　B. 3.45　　　　　　C. 3.32　　　　　　　D. 3.14

6. 轮式起落架的配置型式有（　　）。

A. 前三点式、后三点式、自行车式　　　B. 构架式、支柱套筒式、摇臂式

C. 前三点式、后三点式、小车式　　　　D. 船身式、浮筒式、轮式、滑橇式

7. 俗称"黑匣子"的是（　　）。

A. 飞行管理计算机系统　　　　　　　　B. 空中警告及避撞系统

C. 飞行信息记录系统　　　　　　　　　D. 电传操作系统

8. TCAS 系统的是（　　）。

A. 飞行管理计算机系统　　　　　　　　B. 空中防撞系统

C. 仪表着陆系统　　　　　　　　　　　D. 电传操作系统

二、判断题

1. 飞机的黑匣子是黑色的。（　　）

2. 扰流板属于飞机的增升装置。（　　）

3. 飞机在巡航过程中需要打开襟翼。（　　）

4. 目前的民航运输机大部分为下单翼飞机，下单翼的缺点是起落架长、视野不好。（　　）

三、简答题

1. 航线飞机常见的分类方式有哪些？

2. 常用的飞机飞行性能指标有哪些？

3. 世界上主要有哪几家飞机制造商？其主要机型有哪些？

4. 简述 B737-800 型飞机常用的技术参数。

5. 简述 A320-200 型飞机常用的技术参数。

6. 简述飞机机体包含的几个部分。

7. 简述飞机机翼的作用。

8. 飞机起落架的形式包含哪几种？大型民航客机采用的起落架形式是什么？

9. 飞机系统主要由哪些部分组成？

10. 简述飞行记录器的特点和功能。

11. 辅助动力装置的作用是什么？

12. 座舱环境控制系统包括哪几个部分？

四、论述题

B787 飞机与 A380 飞机在航空运输市场的优势与劣势比较分析。

第三章
飞行基本原理

本章导航

民用航空活动的基础是民用航空器能够克服自身重力实现升空飞行,同时飞机升空飞行后受大气环境的影响,复杂多变的气象条件会威胁航空器的安全运行。本章主要介绍民航飞机运行的大气环境、影响航空飞行的气象要素、飞行基本原理、飞机空气动力产生的原因和变化以及飞机的飞行过程。

学习目标

知识目标

1. 了解民航飞机运行的大气环境
2. 了解影响航空飞行的气象要素
3. 掌握民航飞机的作用力分析
4. 理解飞机稳定性和操纵性的含义
5. 了解并理解一维定常流动的两个基本方程
6. 理解并掌握飞机升力和阻力的产生过程
7. 了解并掌握飞机的飞行过程的各个阶段

能力目标

1. 掌握民航飞机空气动力产生和变化的理论知识
2. 掌握影响航空安全飞行气象要素的理论知识
3. 具备将飞机飞行过程的理论知识应用于工作实践的能力

第一节 大气与飞行

大气层（Atmosphere），是气象学专业术语，是因重力关系而围绕着地球的一层混合气体，是地球最外部的气体圈层，包围着海洋和陆地，大气层的厚度大约在 1 000km 以上，但没有明显的界限。地球表面上空大气层以内的是空气空间，也被称为"空域"，是航空器飞行的活动场所。

一、航空运行的大气环境

（一）大气层

民用航空活动一般只发生在距离地球表面 20km 范围以内，这个范围内集中了绝大部分空气的质量。从地面到 60km 高度，大气成分变化不大，主要由中性气体组成，称为中性层；60～1 000km 的大气层由于紫外线和 X 射线的影响而发生电离，产生大量的离子和自由电子，称为电离层，高频通信就是依靠电离层反射高频电磁波把信息传播到很远的距离。

1. 大气的组成

大气是一种混合物，由三个部分组成：干洁空气、水汽和气溶胶质粒。干洁空气是指大气中除去水汽、气溶胶质粒以外的整个混合气体，简称干空气。它的主要成分是氮气、氧气、氩气和二氧化碳等，其容积含量占全部干洁空气的 99.99％以上；其余还有少量的氢气、氖气、氦气和臭氧等。水汽是指大气中的气态水。气溶胶质粒是指悬浮于大气中的固体微粒和水汽凝结物。固体微粒包括烟粒、盐粒、尘粒等。水汽凝结物包括大气中的水滴和冰粒。

大气中的水汽含量空间分布不均，一般是随高度增加而减少，其在 5km 高度上的含量仅为地面的 1/10。水汽的地理分布也不均匀，按体积比计算，其在干燥的内陆沙漠地区接近于零，而在温暖的洋面或热带雨林地区可达 3％～4％。一切天气现象的产生实际上是大气中水汽运动及其相应的结果。由水汽凝结而成的云、雾等，可以影响能见度，对飞行产生较大的影响。

二氧化碳具有强烈的红外辐射吸收和反射作用，是主要的温室气体，二氧化碳含量逐年增加，是全球气候变暖的主要影响因素。

臭氧含量极小，分布很不规则，随高度而改变。一般近地面层含量极少，从 10km 高度开始逐渐增加，在 20～25km 处为最大，称为臭氧层。臭氧对太阳紫外辐射有强烈的吸收作用，加热了所在高度的大气，对其所在高度温度场和流场起着决定作用；同时，臭氧层阻挡了强紫外线的辐射，保护了地球上的生命。此外，臭氧层具有强氧化性，含量较高时会引起人体的不良反应。一定情况下的高空飞行，应注意防护臭氧危害。

气溶胶质粒在一定的天气条件下常聚集在一起，形成各种天气现象，如云、雾、霾、雨、雪、风沙等，它们使大气透明度变差，并能吸收、散射、反射地面辐射和太阳辐射，影响大气的温度。此外，固体杂质还可充当水汽的凝结核，在云、雾、降水等的形成过程中起着重要的作用。

2. 大气的分层

大气的各种特性在垂直方向的差异非常大。例如空气密度和压强随高度增加而很快减小。在 10km 高度上，空气密度只相当于海平面的 1/3，压强约为海平面的 1/4；在 100km 高度，空气密度只有海平面的 0.000 04％，压强只有海平面的 0.000 03％。

参照大气中温度随高度的分布为主要依据，可将大气层划分为对流层、平流层、中间层、热层（暖层）和散逸层，如图 3-1 所示。航空器的飞行环境是对流层和平流层的底部。

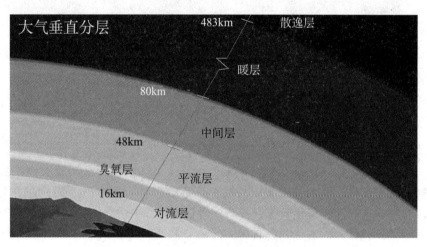

图 3-1 大气层分层示意图

（1）对流层。

对流层位于大气的最底层，对流层内气温随高度的增加而降低，从地球表面开始向高空伸展，直至对流层顶，即平流层的起点为止。平均厚度约为 12km，厚度不一，其厚度在地球两极上空为 8km，在赤道上空为 17km，其下界与地面相接，上界高度随地理纬度和季节而变化。它的高度因纬度而不同，在低纬度地区平均高度为 17～18km，在中纬度地区平均为 10～12km，高纬度地区平均为 8～9km，并且夏季高于冬季。对流层是大气中最稠密的一层，集中了约 75％的大气质量和 90％以上的水汽质量，是天气变化最复杂的大气层，也是对飞行影响最重要的大气层。飞行中所遇到的各种重要天气现象几乎都出现在这一层中，如雷暴、浓雾、低云、雨、雪、大气湍流、风切变等。

（2）平流层。

平流层从对流层上界开始向上一直到大约 55km 高度。该层气温随高度升高而增加，下半部气温随高度增高得少，上半部气温随高度增高得多，到平流层顶可达 0℃，主要是因为此层中臭氧含量较多，能强烈吸收紫外线辐射而增温。整层空气几乎没有垂直运动，气流平稳，空气稀薄，水汽含量极少，没有云、雨、雾、雪等天气情况，只有水平方向的风，没有空气的上下对流。平流层的底部是民用飞机比较理想的飞行空间。航空器一般活动在对流层和平流层底部。但是这一层空气密度小，飞机的空气动力性能受到影响，操纵时飞机反应迟缓。

（3）中间层。

中间层为高度在离地表 50～85km 的一层，温度随高度增加而下降，到离地表高度 85km 的中间层顶，温度接近最小值，约为－80℃。在该层内又出现比较强的垂直对流作用。

（4）热层。

中间层之上，上界可达 800km 以上的大气层称为热层，或称为暖层。该层内大气因直接吸收太阳辐射而得到能量，因此温度随高度升高而增加，并且日变化和季变化明显，昼夜温差可达几百摄氏度。由于在太阳辐射的作用下，大部分气体分子发生电离，而且有较高密度的带电粒子，是电离层的主要分布层。电离层能反射无线电波，其变化对全球的无线电通信有重要意义。

（5）散逸层。

散逸层是大气圈的最外层，距地表 800km 以上。由于大气向上越来越稀薄，地心引力减弱，以致一个气体质点被碰撞出这一层后，就很难有机会再被上层气体质点撞回来而进入宇宙空间了。散逸层是一层相当厚的过渡层，其高度为 2 000～3 000km，该层温度也随高度增加而升高。

大气层各层的高度、气温的垂直变化如表3-1所示。

表 3-1 大气层各层空气层气温随高度变化

大气分层	高度	气温的垂直变化	其他特点	与人类关系
高层大气	2 000～3 000km			电离层反射无线电波
外层	500km		空气稀薄引力小	
热层	85km	气温随高度增加而递增	高度电离	无线电通信
中间层	50～55km	气温随高度增加而递增	垂直对流运动强烈	
平流层	8～18km	气温随高度增加而递增	1. 水平运动 2. 天气晴朗	有利于高空飞行
对流层	低纬：17～18km 中纬：10～12km 高纬：8～9km	气温随高度增加而递减	1. 对流运动 2. 天气复杂多变	天气现象复杂多变，与人类关系最密切

3. 大气的特性

与飞行活动密切相关的大气物理参数是大气密度、大气压强、大气温度、大气湿度。这些参数之间相互联系，随着地理纬度和季节的变化而变化。

（1）大气密度。

大气密度是指单位体积大气中含有的空气质量。大气和其他物质一样，是由分子所组成。大气的密度大，说明单位体积内的空气分子多，比较稠密；反之，大气密度

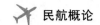
小，说明空气稀薄。空气密度随高度增加而下降，我们常用某一高度上的空气密度与海平面的空气密度之比来表示空气密度的大小，这个比值称为相对空气密度。例如11km高度的相对密度为0.3，我们就很容易知道这个高度的空气密度只有地面密度的30％。此外，湿度也影响大气密度，湿度越大，大气密度越小。

（2）大气压强。

大气压强是指运动的或静止的空气作用在物体单位面积上的大气压力。气压的大小与海拔高度、大气温度、大气密度等有关，一般随高度升高呈线性下降，航空器使用这个规律来确定飞行高度。常用的度量气压的单位有百帕（hPa）、毫米汞柱（mmHg）和英寸汞柱（in. Hg）。

$$1\ 013.25\ \text{hPa}=760\ \text{mmHg}=29.92\ \text{in. Hg} \qquad (3-1)$$

航空领域内常用的气压值为场面气压、修正海平面气压以及标准海平面气压。场面气压是机场着陆区域内最高点的气压值。修正海平面气压是由场面气压按照标准大气状况推算到平均海平面的气压值。标准海平面气压是标准大气状况下海平面的气压值，为1 013.25 hPa。

（3）大气温度。

大气温度是表示空气冷热程度的物理量。温度高，空气分子热运动的动能大；温度低，空气分子热运动的动能小。在对流层内，大气的温度随着高度的增加而呈线性下降变化，大约每升高1 000m温度下降6.5℃。到达同温层后温度基本保持不变，在标准大气条件下，在11～20km的高度，空气温度均保持在−56.5℃。

气温的高低可以用温度表来测量。我国和大多数国家一样，使用摄氏温度（T_c）。摄氏温度以水的冰点为0℃，以水的沸点为100℃。理论计算中，常用绝对温度来表示，把空气分子停止做不规则热运动时，即分子的运动速度为零时的温度，称为绝对温度的零度。绝对温度有两种单位，如果其刻度增量与摄氏温度相同，则称为开氏温度（T_k）。开氏温度和摄氏温度的换算可用下式进行：

$$T_k=T_c+273.15 \qquad (3-2)$$

（4）大气湿度。

大气湿度是指空气中的潮湿程度，它表示大气中水汽含量距离大气饱和的程度，一般用相对湿度百分比来表示大气湿度的程度。当相对湿度等于100％时，大气中包含的水达到最大，称为饱和状态。大气的温度越高，它所能包含的水分就越多。所以，人们实际生活中，冬春季节会感到空气干燥，夏季出现天气闷热的现象，这都是由大气中湿度的变化在起作用。

高空中因水汽凝结常产生一些特殊天气现象，如喷气式飞机在高空飞行时，机身后边会出现一条或数条长长的"云带"。该云带一般是因为飞机排出来的废气与周围环境空气混合后，水汽凝结而成的特殊云系，航空飞行界和航空气象学上称之为飞机尾迹，也叫"尾迹云""机尾云"，也就是人们俗称的"飞机拉烟"。

（二）影响飞行活动的气象要素

1. 气温、气压和湿度

气温是影响飞行活动的要素之一。天气的变化与大气温度密切相关。气温升高，空气密度减小，会对飞机的性能产生一定的影响，例如：其他条件相同的情况下升力减小从而使飞机的载重量减小，飞机小时燃料消耗量增加、发动机功率减小、起降滑跑距离增大等。

高海拔地区机场的场压较低，空气密度小，同样会使发动机功率减小、起降滑跑距离增大。

大气湿度随时间、地点、高度、天气条件不断变化，对于给定体积的气体来说，当温度降低时，其相对湿度增大，当温度降低至相对湿度为100％时的温度称为露点温度。露点温度对飞行来说非常重要，它表示了大气中水分的临界状态。当气温降至露点温度时，大气中的水分开始凝结，变成看得见的雾、云、降水等天气现象。同时，湿度的变化会对航空器性能和仪表指示造成影响，空气湿度越大，空气密度越小，航空器起飞和着陆的滑跑距离增大，起飞爬升率下降，航空器载重量减小等。

2. 风

风是空气流动的一种自然现象。由于日照不均导致水平气压分布不均，于是产生的水平气压梯度力推动大量空气块流动是形成风的最初原因。风的形成，还和地转偏向力、惯性离心力等力共同作用的结果有关。风速直接影响飞机的空速，而空速是飞机产生升力的基本条件，因而无论是起降阶段，还是飞行过程中，驾驶员都要考虑风的影响。高速飞行时，风速对于相对速度影响相对较小，主要是在起飞和着陆阶段，要更多的考虑风的影响。若起飞和着陆逆风进行，可提高飞机的空速，缩短飞机在跑道上滑跑的距离，增加安全系数；起飞和降落时，若遇到侧风的影响时，驾驶员要充分考虑到侧风会使飞机的航迹偏离跑道中心线，因而必须使飞机的航向迎向侧风一定的角度，才能使飞机不偏离跑道；当侧风风速过大时不能进行起降。巡航阶段，顺风会使地速增加，减少飞行时间和节约燃料。

二、飞机的作用力与平衡

（一）飞机的作用力

飞机在大气中飞行，受到的作用力主要包括：重力、升力、阻力和推力四种形式。其中发动机推力与阻力方向相反，与相对气流方向一致，如图3-2所示。

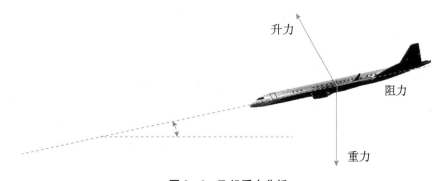

图3-2 飞机受力分析

重力是飞机受到地球吸引力的作用而产生的，大小由飞机质量来决定。升力主要是用来克服重力的，只有当升力大于或等于重力时，飞机才能够升空飞行。推力是由发动机提供，一方面是飞机在起飞滑跑阶段，使飞机在较短时间内获得比较大的推力，与空气产生相对运动，产生升力，从而升空飞行；另一方面是用来克服飞机在与空气产生相对运动时阻碍飞机前进的阻力的。飞机升力和阻力都是由飞机和空气产生相对运动而形成的。

（二）飞机的平衡

1. 飞机的机体轴

为了确定飞机的姿态、受力和空气动力矩的方向，首先要建立坐标轴系。通过飞机重心的三条互相垂直的、以机体为基准的坐标轴，称为机体轴，如图 3-3 所示。

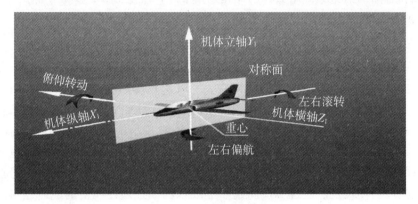

图 3-3　飞机的机体轴

（1）纵轴：沿机身轴线通过飞机重心。飞机绕纵轴的转动，称为飞机的横向滚转，因而纵轴也称为横滚轴。驾驶员操纵飞机副翼可使飞机产生横滚运动。

（2）横轴：沿机翼方向通过飞机重心并垂直于纵轴。飞机绕横轴的转动，称为飞机的俯仰转动，因而横轴也称为俯仰轴，驾驶员操纵升降舵可使飞机产生俯仰运动。

（3）立轴：通过飞机重心并垂直于纵轴和横轴平面。飞机绕立轴的转动，称为飞机的方向偏转，因而立轴也被称为偏航轴。驾驶员操纵方向舵可使飞机产生偏航运动。

2. 飞机的平衡

飞机的平衡是指作用于飞机的各力之和为零，各力对飞机重心所构成的各力矩的代数和也为零。飞机处于平衡状态时，飞行速度的大小和方向都保持不变，也不绕飞机重心转动。反之，飞机处于不平衡状态时，飞行的速度的大小和方向都将发生变化，并绕飞机重心转动。

当作用于飞机的各力之和为零时，飞机速度的大小和方向均不变。力矩平衡包括：俯仰平衡、横侧平衡和方向平衡。

当飞机由于外界干扰失去俯仰平衡时，可以靠飞机自身的稳定性能自动恢复平衡，也可通过操纵驾驶杆改变升降舵的角度而使飞机恢复俯仰平衡。影响飞机横侧平衡的因素主要有燃油的加装和利用方式、货物装载情况和滚动情况以及气流的作用等。飞机失去横侧平衡时，可以通过改变某侧机翼的副翼角度而使飞机恢复横侧平衡。例如当飞机向左侧滚转时，则增大左翼副翼放下的角度使左侧升力增大，向右滚转的力矩增大，使飞机重新回到横侧平衡状态。当单台发动机熄火或者遇到横向风的影响时，飞机的方向平衡会被破坏，可以通过改变方向舵的角度，使飞机向相反方向偏转，恢复方向平衡。例如飞机向右侧偏向时，则使方向舵向偏转一定角度，产生向左偏转的力矩，使飞机回到原来的方向上来。

三、飞机的稳定性与操纵性

（一）飞机的稳定性

飞机的稳定性又称"飞机安定性"，是指在飞行中，飞机受微小扰动而偏离原来状态，并在扰动消失以后，不经驾驶员操纵，飞机能自动恢复原来平衡的特性。保持一定状态飞行（如巡航、爬升、下降）时，可能遇到如突风、不稳定的气流或偶然不当的操纵而引起扰动，使飞机偏离原来的飞行状态，有适当的稳定性，在扰动消失后，飞机就可以不依靠驾驶员的干预，逐渐地自动恢复其原飞行状态。飞机的稳定性是飞机的重要飞行品质之一。

为了保证有良好的稳定性，首先要设计好与飞机本身稳定性有关的部件和参数（如水平尾翼、垂直尾翼和机翼的上反角等），并具有适当的重心位置和变化范围。此外，在现代运输机上还广泛采用自动安定装置和自动驾驶装置，以保证在所有飞行范围内具有适当的稳定性。

（二）飞机的操纵性

飞机操纵性是指飞机对飞行员操纵做出相应响应的特性。飞行员主要通过操纵盘（杆）和脚蹬操纵升降舵、方向舵、副翼，使飞机从一种飞行状态转变为另一种飞行状态，以完成起飞、爬升、巡航、下降、进近着陆等。操纵性是飞机的重要飞行品质之一，也是飞行力学研究的重要内容。操纵的输入，是飞行员施加于驾驶杆或脚蹬的力及杆和脚蹬的位移，输出则是飞机运动参数的变化，如迎角、侧滑角、倾斜角、各种角速度、飞行速度、高度及过载等。

按运动方向的不同，飞机的操纵也分为纵向、横向和航向操纵。改变飞机纵向运动（俯仰）的操纵称为纵向操纵，主要通过推、拉驾驶杆，使飞机的升降舵或全动平尾向下或向上偏转，产生俯仰力矩，使飞机作俯仰运动。驾驶员向后拉驾驶杆，经传动机构传动，升降舵便向上偏转，这时，水平尾翼上产生向下的力，使机头上仰；向前推驾驶杆，则升降舵向下偏转，使机头下俯。使飞机绕机体纵轴旋转的操纵称为横向操纵，可以实现飞机的滚转运动，主要由飞机偏转的副翼来实现。当驾驶员向左压驾驶杆，左副翼向上，右副翼向下，这时左机翼升力减小，右机翼升力增大，产生向左的滚转力矩，使飞机向左倾斜；向右压驾驶杆，则右副翼向上，左副翼向下，飞机便向右倾斜。如果是用驾驶盘的飞机，则左转或右转驾驶盘，与向左向右压杆的操纵作用是一样的。改变航向运动的操纵称为航向操纵，由驾驶员踩脚蹬，使方向舵偏转来实现。踩下右脚蹬时，方向舵向右摆动，产生向右偏航力矩，飞机机头向右偏转；

踩下左脚蹬时正相反，机头向左偏转。

一架飞机在稳定飞行时，倘若驾驶员用不大的力施加在驾驶盘或脚蹬上，改变一个操纵舵面的偏转角度，飞机很快做出反应，改变了飞行状态，那么这架飞机的操纵性能是好的；倘若反应很慢，则是操纵不灵敏。操纵性好的飞机，稳定性必然下降，所以飞机操纵性和稳定性之间有着密切的、对立统一的关系，设计时对两者必须综合考虑。

第二节　飞行基本原理

空气动力是飞机在大气中飞行，与空气相对运动而产生的力。空气动力主要包括升力和阻力，而升力是飞机能够升空飞行的保证和基础。升力产生的依据是建立在两个流体定理基础上的。

一、流体连续性定理

流体连续性定理是研究流体流经不同截面的通道时流速与通道截面积大小的关系，这是描述流体流速与截面关系的定理。当流体连续不断且稳定地流过一个粗细不等的管子，由于管中任何一部分的流体都不能中断或挤压起来，因此在同一时间内，流进任意截面的流体质量和从另一截面流出的流体质量应该相等。

根据流体的连续性定理，可以推导出一维定常流动的连续方程，其数学表达式为：

$$\rho v A = m \ (\text{kg/s}) \tag{3-3}$$

其物理意义是：在一维定常流动中，单位时间通过流管任意截面处的空气质量都相等。

式中：ρ——空气密度（kg/m^3）；

v——气流速度（m/s）；

A——流管的横截面积（m^2）。

连续方程说明了气流速度与流管截面积以及空气密度的关系。如果是低速稳定气流，可以认为空气密度不随流速变化。连续方程可写为：

$$v A = C \ (\text{m}^3/\text{s}) \tag{3-4}$$

其物理意义是：在低速一维定常流动中，单位时间流过流管任意截面处的空气体积都相等。

式中：v——气流速度（m/s）；

A——流管的横截面积（m^2）。

那么在低速一维定常流动中，可以认为气流速度与流管截面积成反比，即流管细的地方流速大，流管粗的地方流速小。

飞机与空气产生相对运动时，空气流过机翼表面的流动情形如图 3-4 所示。

如图 3-4 中空气流过机翼表面的流谱所示，两条相邻流线可以看作是一个流管的管壁，两条流线中间的空气就好像顺着管子流动一样。机翼上表面凸起的地方，两条

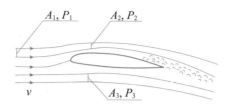

图 3-4 空气流过具有一定正迎角双凸翼型的流谱

流线间的距离缩小，说明流管变细；气流受到阻挡的地方，如机翼下表面的前部，流管变粗。

二、伯努利定理

在一个流体系统，比如气流、水流中，流速越快，流体产生的压强就越小，这就是被称为"流体力学之父"的丹尼尔·伯努利于 1738 年发现的"伯努利定理"。伯努利定理是分析飞机空气动力产生和变化的基本定理之一。

根据能量守恒定律在空气动力学里的应用，可以推导出一维定常流动的伯努利方程，其数学表达式为：

$$P+\frac{1}{2}\rho v^2 = P_0 \tag{3-5}$$

其中：P——静压，静止或运动的空气垂直作用在物体表面单位面积上的压力，从能量的角度是指单位体积的空气所具有的压力能；

$\frac{1}{2}\rho v^2$——动压，单位体积的空气所具有的动能；

P_0——全压，空气所具有的动压与静压之和。

其物理意义是：在低速一维定常流动中，同一流管的各个截面上，空气的静压与动压之和（全压）保持不变。

从能量角度：在低速一维定常流动中，同一流管任意截面上，单位体积空气的动能与压力能之和（总机械能）都相等。所以，伯努利方程又叫低速能量方程。

那么在低速一维定常流动中，伯努利方程建立了气流流动速度与压力的关系。即：相对气流速度减小，动能减小，减小的动能转化为了压力能，即作用在物体表面的压力增加；相反，相对气流速度增大，动能增大，增大的动能由减小的压力能而来，作用在物体表面的压力减小。

流体连续性定理和伯努利定理是空气动力学中两个最基本的定理，说明了流管截面积、气流速度和压力三者的关系。

低速定常流动的空气，流过流管截面积大的地方，流速小、压强大；而流过流管截面积小的地方，流速大、压强小。这就是低速飞机机翼上产生升力的依据。

三、飞机升力与阻力的产生

（一）升力的产生

飞行员操纵飞机改变飞行状态，通常是通过改变升力的大小来实现的。因此，掌握升力的产生原因和变化规律，对于分析飞机的操纵原理和飞行安全有着重要的意义。

飞机的升力主要是由机翼产生的。空气动力学里定义升力的方向是与相对气流方向垂直。机翼平行于飞机对称面的翼剖面称为翼型。机翼上表面向外弯曲的程度较大，下表面较平的翼型称为平凸翼型；上表面向外弯曲的程度比下表面向外弯曲的程度大的翼型称为双凸翼型；上下表面向外弯曲的程度都一样的翼型称为对称翼型。现代低速飞机机翼大多采用平凸或双凸翼型，部分高速飞机机翼和各种飞机尾翼一般采用对称翼型。

从空气流过机翼表面呈现的流谱来看，如图 3-5 所示，可以看出：空气流到机翼前缘，分成上、下两股气流，分别沿机翼上、下表面流过，在机翼后缘重新汇合向后流去。机翼上表面比较凸出，流管较细，说明流速加快，压力降低。而机翼下表面，气流受阻挡作用，流管变粗，流速减慢，压力增大。于是机翼上、下表面出现了压力差，垂直于相对气流方向的压力差的总和就是机翼的升力。升力的方向如图 3-6 所示。尾翼通常产生负升力，飞机其他部分产生的升力很小，一般不考虑。

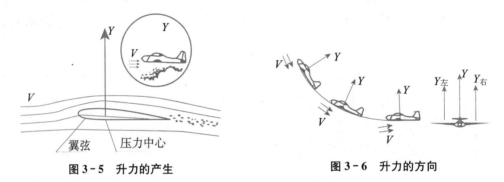

图 3-5 升力的产生 　　　　　　　　　图 3-6 升力的方向

（二）阻力的产生

阻力是阻碍飞机前进的空气动力。阻力的方向与升力的方向垂直，与相对气流方向一致。飞机增速时，阻力起到阻碍的作用，但飞机减速时，例如飞机着陆阶段，又需要增大阻力。学习阻力的产生和变化，对于分析飞行速度的变化具有重要的意义。根据产生原因的不同，阻力可分为摩擦阻力、压差阻力、诱导阻力和干扰阻力。

1. 摩擦阻力

空气是有黏性的，当空气流过飞机表面时，由于空气的黏性，空气同飞机表面发生摩擦，产生一个阻止飞机前进的力，这个力就是摩擦阻力。摩擦阻力的大小，取决于空气的黏性、飞机的表面状况以及同空气相接触的飞机表面积大小。空气黏性越大、飞机表面越粗糙、飞机表面积越大，摩擦阻力就越大。

2. 压差阻力

空气沿机身、机翼和尾翼流动时，由机身、尾翼等部件前后压力差形成的阻力叫压差阻力。

3. 诱导阻力

升力产生的同时还对飞机附加了一种阻力。这种因产生升力而诱导出来的阻力称为诱导阻力，是飞机为产生升力而付出的一种"代价"。

4. 干扰阻力

干扰阻力是飞机各部分之间因气流相互干扰而产生的一种额外阻力。这种阻力容易产生在机身和机翼、机身和尾翼、机翼和发动机、机翼和副油箱之间。

以上四种阻力是对低速飞机而言，至于高速飞机，除了也有这些阻力外，还会产生波阻等其他阻力。

四、影响飞机升力与阻力大小的因素

升力和阻力是飞机与空气产生相对运动中产生的。影响升力和阻力的基本因素有：机翼在气流中的相对位置（也称为迎角），相对气流的速度和空气密度，飞机本身的特点如飞机表面光滑程度、机翼形状、机翼面积、是否使用襟翼和前缘缝翼是否张开等。

（一）迎角对升力和阻力的影响

相对气流方向与翼弦之间所夹的角叫迎角。在飞行速度等其他条件相同的情况下，升力最大所对应的迎角，叫作临界迎角。在小于临界迎角范围内增大迎角，升力增大；超过临界迎角后，再增大迎角，升力反而减小。迎角增大，阻力也越大，迎角越大，阻力增加越多，超过临界迎角，阻力急剧增大。

（二）飞行速度和空气密度对升力、阻力的影响

飞行速度越大，升力、阻力越大。升力、阻力与飞行速度的平方成正比例。空气密度大，升力和阻力也跟着大。空气密度增大为原来的两倍，升力和阻力也增大为原来的两倍，即升力和阻力与空气密度成正比例。

（三）机翼面积、形状和表面光滑程度对升力、阻力的影响

机翼面积大，升力大，阻力也大。升力和阻力都与机翼面积的大小成正比例。机翼形状对升力、阻力影响较大。飞机表面光滑与否对摩擦阻力也会有影响，飞机表面相对光滑，阻力相对也会较小，反之则大。

第三节 飞机的飞行过程

飞机的飞行过程主要经过：滑行、起飞、爬升、巡航、下降、进近和着陆几个阶段。

一、滑行和起飞阶段

旅客完成登机、货物行李装卸结束、机务人员检查完毕签署文件放行飞机、机组从航管部门等获取相关飞行资料、值机人员与机组共同核对人员、飞机装机舱单等信息后，向航空管制部门即机场塔台申请并获准后，在机坪上启动好发动机，经指定滑行道到达跑道端点准备起飞，是滑行阶段。在这一阶段，飞机在地面的运行要按照地

面交通要求，是飞机重量最大的阶段，同时也是驾驶员做起飞前各种准备和检查的阶段，飞机机组在这一阶段的操作动作务必严格按照操作手册进行。

飞机到达跑道前端的等待区，停下飞机，机长接通塔台空中交通管制员，请示进入跑道起飞。在等待起飞时，机长和副驾驶依据操作检查清单，一人朗读，另一人对应每项所提及的操纵机构和仪表依次检查。经过认真核对，无疏漏或差错后，即做好起飞准备。

待接到起飞许可后，机长将飞机滑进跑道，襟翼放到起飞位置，并使发动机转速增加到最大值，然后松开刹车，飞机在推力作用下开始加速滑跑。当滑跑速度达到一定数值时，驾驶员向后拉驾驶杆，抬起前轮，增大迎角。此后，飞机只用两个主轮继续滑跑，机翼的升力随着滑跑速度的增加而增大，当其值等于飞机的重量时，此时飞机速度达到抬前轮速度 V_R，飞机便离开地面，加速爬升。上升到 $10\sim15m$ 高度上收起起落架，上升到 $25m$ 高度后起飞阶段结束。

起飞决断速度，即 V_1，飞机在该速度上被判定关键发动机停车等故障时，飞行员可以安全地继续起飞或中断起飞，即继续起飞或中断起飞的距离都不会超过可用的起飞距离。通俗地讲，在达到 V_1 前驾驶员判断出故障将有足够的跑道距离以解决问题；如果速度超过 V_1 时，绝不能中止起飞，否则剩余跑道不足以使飞机停下，很可能冲出跑道造成事故。在速度达到 V_1 后出现紧急情况，飞机应起飞后调转方向从起飞跑道上紧急降落或进行迫降。

二、爬升和巡航

飞机的爬升有两种方式，一种是按固定的角度持续爬升达到预定高度。这样做的好处是节省时间，但发动机所需的功率大，燃料消耗大。另一种是阶梯式的爬升，飞机升到一定高度后，水平飞行增加速度，然后再爬升到第二个高度，经过几个阶段后爬升到预定高度。

飞机爬升到高度 600m 后，经管制员许可，就可按照标准离场程序进入爬升阶段。当飞机上升到 3 000m 以上的高度后，驾驶员操纵飞机减小爬升角，为进入航线做准备。

经过区域管制员许可后飞机进入航路。继续上升到巡航高度（喷气式民航客机一般是 8 000m 以上），改平飞状态进入巡航阶段飞行。这时如果没有天气变化的影响，驾驶员可以按照选定的航线以一定的速度和姿态稳定飞行。巡航阶段的飞行事故率最低。

三、下降、进近和着陆阶段

飞机在降落前半小时或更短的飞行距离时驾驶员开始逐渐降低高度，减慢飞行速度，飞机转入下降阶段，到达目的地机场空域上空。

进近也称为进场，是指飞机在机场上空由地面管制人员指挥对准跑道下降的阶段。在这个阶段飞机需要按照规定路线围绕机场飞行，同时飞机上的仪表要接受地面航向台、下滑台、信标台等的引导信号，飞行员要始终与塔台保持无线电联络。待飞机对准跑道，飞机减速，放下襟翼和起落架，飞机进入着陆阶段。当飞机下滑到离地面七八米高度时，驾驶员要把机头拉起。到一米左右时使飞机拉平，飞机以平行地面姿态下降，一般称为平飘，飞机主起落架平衡着地，以一定迎角滑跑一段距离以增加阻力，然后驾驶员前推驾驶操纵杆使飞机前轮着地，这时使用刹车和反推装置使飞机尽快把速度减低，滑出跑道，进入滑行道，驶向停机坪。

着陆距离是指从飞机最后进近到 50 英尺（15.24m）高度开始到飞机在跑道上接地的水平距离。它的长短取决于飞机的襟翼、扰流板等增加阻力的装置，也取决于刹车和反推装置的使用，同时风向、温度、海拔高度也影响着着陆距离的长短。现代的机场跑道一般可以起降各种型号的飞机，客机着陆时应该充分保证着陆安全，在跑道长度足够长时，更不能追求很短的着陆距离。着陆安全与否主要在于接地垂直速度（接地率）和接地最大过载。

整个飞行过程中，操作最为复杂的是起飞和降落阶段。据统计，航空事故的 68% 出现在这两个阶段，因而在飞机设计上和驾驶员训练上这两个阶段都是重点。

本章小结

民用航空器飞行的环境是空气空间，也可称为空域。在垂直方向上，可将大气层划分为对流层、平流层、中间层、热层（暖层）和散逸层。航空器飞行的环境主要是对流层和平流层的底部。在对流层，气压和温度随高度的升高而降低。

一维定常流动的连续性定理和伯努利定理是飞机升力产生的依据，空气流到机翼前缘，分成上、下两股气流，分别沿机翼上、下表面流过，在机翼后缘重新汇合向后流去。机翼上表面比较凸出，流管较细，流速加快，压力降低。而机翼下表面，气流受阻挡作用，流管变粗，流速减慢，压力增大。于是机翼上、下表面出现了压力差，垂直于相对气流方向的压力差的总和就是机翼的升力。飞机的升力大部分是靠机翼产生的。

飞机主要受升力、重力、推力和阻力的作用。飞机完成一次飞行任务要经过滑行、起飞、爬升、巡航、下降、着陆阶段。整个飞行过程中，操作最为复杂的是起飞和降落阶段。

复习与思考

一、选择题

1. 航空器一般在（　　）活动。

A. 对流层 　　　　　　　　　　　　B. 对流层和平流层下部

C. 平流层 　　　　　　　　　　　　D. 中间层

2. 流速快的空气与流速慢的空气相比静压（　　）。

A. 一样 　　　　　　B. 大 　　　　　　C. 无法确定 　　　　　　D. 小

3. 升阻比最大的迎角为（　　）。

A. 临界迎角 　　　　B. 有利迎角 　　　　C. 无升力迎角 　　　　D. 19 度迎角

4. 飞机绕横轴的运动称为（　　）运动。

A. 俯仰　　　　　　B. 横滚　　　　　　C. 偏航　　　　　　D. 升降

5. 亚音速飞机的马赫数的范围是（　　）。

A. 小于 0.3　　　　B. 0.3～0.85　　　C. 0.85～1.3　　　D. 大于 1.3

二、判断题

1. 气象雷达红色区域飞机需要绕飞。（　　）

2. 整个飞行过程中，操作最复杂的是巡航和爬升阶段。（　　）

3. 飞机在巡航过程中需要打开襟翼。（　　）

4. 大气层中，平流层具有冷、暖、干、湿分布不均的特征。（　　）

三、简答题

1. 简述大气的分层情况，思考航空器的飞行环境是如何分布的？

2. 简述与飞行活动密切相关的大气的物理参数，这些物理参数是如何影响飞行的？

3. 简述飞机在大气中受到的作用力。

4. 飞机的平衡状态包括哪些内容？

5. 简述飞机的稳定性和操纵性。

6. 简述民航飞机的飞行过程。

四、论述题

飞机升空飞行的基本原理。

第四章
航空运输组织与业务

本章导航

　　交通运输是人类社会生产、经济、生活中一个不可缺少的重要环节。航空运输和其他四种运输方式共同组成现代交通运输体系。航空运输又称商业航空、公共航空运输，根据运输对象的不同又可分为旅客运输和货物运输，面向公众，为公众提供运输服务。本章主要介绍交通运输业的概念和要素、五种运输方式的经济对比分析、航空运输业在交通运输业中的地位、航空运输基本概念、民用航空组织管理机构、民航旅客运输和民航货物运输。

学习目标

知识目标

1. 了解并掌握运输的概念和要素

2. 了解并理解现代交通运输方式及特征

3. 掌握航空运输的概念和特点

4. 理解航线与航路、航段与航节的区别

5. 了解航线网络的结构形式

6. 了解常见的民用航空组织管理机构

7. 了解民航旅客运输的主要环节

8. 了解航班计划的内容

9. 了解并掌握飞行的组织与实施过程

10. 了解航空货物运输的特点

11. 掌握民航货物运输的程序和需要的文件

能力目标

1. 了解和掌握航空运输基本概念和基础知识

2. 具备航空运输组织的基础业务能力

3. 具备将旅客运输和货物运输理论知识应用于工作的实践能力

第一节 交通运输业概述

一、交通运输的概念和要素

（一）交通运输的概念

运输是使用某种载运工具，在相应的交通基础设施环境中，实现人和物在一定时间内的空间移动的经营性行为；而交通是为运输提供的基础设施、运行中的载运工具以及对它们的规划、管理和服务的综合。交通运输是指借助于运输工具，实现人和物在空间上的位移。

交通运输是人类社会生产、经济、生活中一个不可缺少的重要环节。随着社会的发展，人们对交通运输的需求迅速增长，从而形成了现代的交通运输业。交通运输业是国民经济的基础性、先导性产业，是国民经济的命脉，是社会经济发展的基本需要和先决条件。运输既是衔接生产和消费的纽带，又是政治、经济、文化、军事等方面联系交往的沟通手段。

（二）交通运输的要素

交通运输有四个基本要素：

1. 线路

线路分实有线路和虚有线路。实有线路包括：轨道、道路、管道、运输带、索道等；虚有路线包括：航海路线、航空路线等（没有严格的边界限制）。

2. 载运工具

载运工具包括轮船、飞机、汽车、火车等，此外还包括传送带、缆车、管道等。

3. 运输结点

运输结点主要包括人们出行和货运的起点、终点，转换运输方式的中间结点，载运工具的停放地点等。

4. 控制与管理

控制与管理包括为保证载运工具安全有序运行所使用的各种监视、联络、控制、管理（如信号、标志、通信、导航、雷达以及规则等）。

二、现代交通运输方式

现代交通运输是由铁路运输、水路运输、公路运输、航空运输和管道运输五种基本方式构成。这五种基本运输方式在运载工具、线路设备和运营方式等方面各不相同，并且各有不同的技术经济特征，因而各有其使用的范围。

（一）五种交通运输方式

1. 铁路运输

铁路运输是使用铁路列车运送旅客和货物的一种运输方式。它在社会物质生产过程中起着重要作用。其特点是运送量大、速度快、成本较低，一般又不受气候条件限制，适合于大宗、笨重货物的长途运输。

铁路运输的优点：巨大的运送能力；廉价的大宗运输；较少受气象、季节等自然条件的影响，能保证运行的经常性、持续性；计划性强，运输能力可靠，比较安全，一般情况下准时性强；收益随运输业务量的增加而增长。

铁路运输的缺点：始建投资大，建设时间长；受轨道线路限制，灵活性较差；直接"门到门"的运输量小，必须有其他运输方式为其集散、接运客货；不利于开展运距较短的运输业务；运输总成本中固定费用所占的比重大（一般占60%），需要大量资金、物资用于建筑工程，如路基、站场等。

2. 公路运输

公路运输是在公路上运送旅客和货物的运输方式，是交通运输系统的组成部分之一，主要承担短途客货运输。现代所用运输工具主要是汽车。因此，公路运输一般即指汽车运输。在地势崎岖、人烟稀少、铁路和水运不发达的边远和经济落后地区，公路为主要运输方式，起着运输干线作用。

公路运输在中短途运输中优势明显，特别是"门到门"的运输更具有优越性，可以补充和衔接其他运输方式，如担负铁路、水路运输达不到的区域以及起终点的接力运输。

3. 水路运输

水路运输是以船舶为主要运输工具、以港口或港站为运输基地、以水域包括海洋、河流和湖泊为运输活动范围的一种运输方式。水运至今仍是世界许多国家最重要的运输方式之一。

水路运输是目前各主要运输方式中兴起最早、历史最长的运输方式，其技术经济特征是载重量大、成本低、投资省，但灵活性小，连续性差，较适于担负大宗、低值、笨重和各种散装货物的中长距离运输，其中特别是海运，更适于承担各种外贸货物的进出口运输。

4. 航空运输

航空运输也称运输航空、商业航空或公共航空运输，是指使用民用航空器进行经营性的客货运输活动。航空运输具有快速、机动的特点，是现代旅客运输，尤其是远程旅客运输的重要方式，为国际贸易中的贵重物品、鲜活货物和精密仪器运输所不可缺少。航空运输体系包括飞机、机场、空中交通管制系统和飞行航线四个基本部分，这四个部分有机地结合，在空中交通管理系统的控制和管理下，完成航空运输的各项业务活动。

根据不同的分类标准，航空运输可分为不同的类别。

（1）从运输的性质和适用的法律不同来分，一般把航空运输分为国内航空运输和国际航空运输两大类。根据《中华人民共和国民用航空法》的定义，国内航空运输是指根据当事人订立的航空运输合同，运输的出发地、约定的经停地和目的地均在中华人民共和国境内的运输。国际航空运输是指根据当事人订立的航空运输合同，无论运输有无间断或者有无转运，运输的出发地、约定的经停地和目的地之一不在中华人民共和国境内的运输。

（2）从运输对象的不同来分，可分为旅客运输、行李运输和货物运输三类。比较特殊的是旅客行李运输既可以附属于航空旅客运输中，也可看作一个独立的运输过程。航空邮件运输是特殊的航空货物运输，一般情况下优先运输。

（3）从航空运输企业经营形式的不同来分，主要有班期运输、包机运输和专机运输，通常是以班期运输为主，后两种是按需要临时安排。班期运输是按班期时刻表，以固定的机型沿固定航线、按固定时间执行运输任务。包机运输是指民用航空运输使用人为一定的目的包用公共航空运输企业的航空器进行载客或载货的一种运输形式，其特点是包机人需要和承运人签订书面的包机运输合同，并在合同有效期内按照包机合同自主使用民用航空器，包机人不一定直接参与航空运输活动。

5. 管道运输

管道运输是用管道作为运输工具的一种长距离输送液体和气体物资的运输方式，是一种专门由生产地向市场输送石油、煤和化学产品的运输方式，是统一运输网中干线运输的特殊组成部分。

管道运输不仅运输量大、连续、迅速、经济、安全、可靠、平稳以及投资少、占地少、费用低，并可实现自动控制。除广泛用于石油、天然气的长距离运输外，还可运输矿石、煤炭、建材、化学品和粮食等。管道运输可省去水运或陆运的中转坏节，缩短运输周期，降低运输成本，提高运输效率。

五种交通运输方式通过互相竞争与合作，构成我国的综合交通运输系统。五种交通运输方式如图 4-1 所示。

公路运输　　　　　　　管道运输　　　　　　　航空运输

铁路运输　　　　　　　水路运输

图 4-1　五种交通运输方式

（二）各种运输方式的技术经济特征比较分析

五种现代运输方式，在满足人或物的空间位移的要求上都具有同一性，即安全、迅速、经济、便利、舒适。所以，各种运输方式的技术经济特征可以从以下四点进行比较。

1. 送达速度

技术速度决定运载工具在途中运行的时间，而送达速度除了运行时间外，还包括途中的停留时间和始发、到终端的作业时间。铁路运输的送达速度一般高于水路运输和公路运输。但在短途运输方面，其送达速度反而低于公路运输，但这种劣势随着高铁技术的发展，在中短途的运输中，铁路运输优势越来越明显。航空运输在途中的运行时间具有极大优势，但如果考虑旅客前往机场的路程时间以及预留办理乘机手续的时间，特别是考虑到航班延误情况时有发生，在中短途距离的运输中与铁路运输相比，不占据优势，其主要是在中长距离运输中占据时间优势。

同时，在评价某种运输方式的速度指标时，还应适当考虑运输的频率（或间隔时间）和运输经常性对送达速度的影响。

2. 投资方面

各种运输方式由于其技术设备的构成不同，不但投资总额大小各异，而且投资期限和初期投入的资金也有相当大的差别。

例如铁路技术设备（线路、机车车辆、车站等）需要投入大量的人力物力，投资额大而且工期长。相对而言，水路运输是利用天然水域进行的，其设备的投资远低于铁路运输，投资主要集中在船舶、码头。比较各种运输方式的投资水平，还需要考虑运输密度和运载工具利用率等因素。

3. 运输成本

一般来说，水路运输及管道运输成本最低，其次是铁路运输和公路运输，航空运输成本最高。

4. 能源、运输能力、运输的经常性和机动性

考察各种运输方式的特性。例如，从能源的角度来看，铁路运输可以采用电力牵引，在能源使用方面占有优势；从运输能力看，水路运输和铁路运输都处于优势地位；从运输的经常性角度来看，铁路运输受季节和气候的影响最小；就运输的机动性而言，公路运输最好。

（三）综合运输体系

综合运输体系是指各种运输方式在社会化运输范围内和统一运输过程中，按其技术经济特点组成的分工协作、有机结合、连接贯通、布局合理的交通运输综合体。每种运输方式有其特定的运输线路和运输工具，形成各自的技术运营特点、经济性能和合理使用范围。综合运输体系是各种运输方式在分工的基础上协作配合、优势互补的有机结合。大致由三个系统组成：（1）具有一定技术装备的综合运输网及其结合部系统。（2）综合运输生产系统，即各种运输方式的联合运输系统。（3）综合运输组织、管理和协调系统，该系统要有利于宏观管理、统筹规划和组织协作。

目前我国综合运输体系主要是指多式联运。多式联运指由两种及其以上的交通工具相互衔接、转运而共同完成的运输过程，统称为复合运输，我国习惯上称之为多式联运。这种运输组织形式可综合利用各种运输方式的优点，充分体现社会化大生产大交通的特点。

三、航空运输的地位与特点

（一）航空运输业在运输业中的地位

航空运输以它的快速、不受地形限制和舒适安全的优势占据了一定市场，取得了迅速发展，同时航空运输由于成本高、与之衔接的地面交通占用一定时间、货物的体积和重量不能太大等劣势，市场范围受到一定的限制。

长距离的旅客运输是航空运输优势最为明显的领域，在跨洋或远距离的国际客运上，航空几乎是现代化交通运输的唯一选择。在这个市场上主要是航空运输企业之间面临的激烈国际竞争，航空公司需要不断提高服务质量，优化企业运输资源，提高企业竞争力。在短距离的国内客运市场上，除在地形复杂区域航空运输有一定优势外，一般来说距离在500km以下的航线，航空运输只能在客运中满足一些特定市场的需求。国外的一些分析和统计表明航空运输在800km以上的距离上有明显优势。

在货物运输中，对于运输鲜活产品、时间性要求高的物品或危险品，航空运输的优势是其他运输方式无法相比的，而对于大宗的或大件的货物，航空运输所占份额较小。虽然大型现代化货机的出现使航空货运进入了大宗货物运输的市场，但从总的运输量来说，航空运输仅占一个很小的比例。

现代化交通系统是一个复杂综合的系统，各种运输方式发挥自己的优势，相互补充，但是在某些领域中又相互竞争。如高速公路的修建、铁路的提速和高速铁路的运营都会影响到中短距离的航空运输市场。

（二）航空运输的特点

在经济全球化环境下，航空运输不再仅仅是一种交通运输方式，而是区域经济融入全球经济的最佳通道。航空运输能改善投资环境，优化地区经济结构，构造区域经济与国际市场的无障碍运输环境，增加地区就业机会，因而已经成为区域经济和城市竞争力的重要组成部分。

航空运输同其他运输方式一样都具有运输业的共同特点，但由于航空运输使用的运输工具和运输范围的特殊性，也有其自身鲜明的特性。

航空运输具有下列特点：

1. **商品性**

航空运输所提供的产品是一种特殊形态的产品"空间位移"，其产品形态是改变航空运输对象在空间上的位移，产品单位是"人/公里"或"吨/公里"，航空运输产品的商品属性是通过产品使用人在航空运输市场的购买行为最后实现的。

2. **服务性**

航空运输业属于第三产业，是服务性行业。它以提供"空间位移"的多少反映服务的数量，又以服务手段和服务态度反映服务的质量。航空旅客对于航空运输的要求是享受安全、便捷、舒适、正点的服务品质。

3. 国际性

航空运输已成为现代社会最重要的交通运输方式，成为国际政治往来和经济合作的纽带。这里面既包括国际友好合作，也包含着国际激烈竞争，在服务、运价、技术协调、经营管理和法律法规的制订实施等方面，都要受国际统一标准的制约和国际航空运输市场的影响。

4. 准军事性

人类的航空活动首先投入军事领域，而后才转为民用。现代战争中制空权的掌握是取得战争主动地位的重要因素。因此很多国家在法律中规定，航空运输企业所拥有的机群和相关人员在平时服务于国民经济建设，作为军事后备力量，在战时或紧急状态时，民用航空即可依照法定程序被国家征用，服务于军事上的需求。

5. 资金、技术、风险密集性

航空运输业是一个高投入的产业，无论运输工具，还是其他运输设备都价值昂贵、成本巨大。因此其运营成本非常高，航空运输业由于技术要求高，设备操作复杂，各部门间互相依赖程度高，因此其运营过程中风险性大。政府和组织都没有相应的财力，像贴补城市公共交通一样去补贴本国的航空运输企业。出于这个原因，航空运输业在世界各国都被认为不属于社会公益事业，都必须以盈利为目标才能维持其正常运营和发展。

6. 自然垄断性

由于航空运输业投资巨大，资金、技术、风险高度密集，投资回收周期长，对航空运输主体资格限制较严，市场准入门槛高，加之历史的原因，使得航空运输业在发展过程中形成自然垄断。随着 1978 年美国政府放松了对航空业的管制政策后，世界各国政府也都逐步减少了对航空业的经济监管和干涉，航空运输业在全球范围内的市场向着自由化方向持续发展，行业的自然垄断性有所变化。

第二节　航空运输基本概念

实现航空运输的要素主要包括航空站、航空器、航线、航班和航空公司等。航空站俗称机场，又称航空港。航空器、航空公司在前面民航飞机的一般介绍和航空运输系统中已经介绍过了。本小节主要介绍航线以及与航线网络密切相关的概念。

一、航线与航路

(一) 航线 (Airline)

航线由飞行的起点、经停点、终点、航路等要素组成。航线是航空运输承运人授权经营航空运输业务的地理范围，是航空公司的客货运运输市场，是航空公司赖以生存的必要条件。

航线规定了起讫与经停地点，按起讫地点的归属不同分为国际航线、地区航线和国内航线。国内航线又可分为干线航线（干线）和支线航线（支线）。

1. 干线

干线（Trunk Route）泛指连接大城市之间的航线。对枢纽航线网络而言，枢纽之间的航线称为干线。某枢纽航线网络中所有的干线组合在一起构成干线网络。

2. 支线

关于支线（Regional Route）的定义，目前有以下几种：

（1）根据执行航线飞行的飞机机型定义。我国民航局将 70 座以下涡桨飞机和 50 座以下涡扇飞机执行的航线界定为支线。

（2）根据航线距离定义。1997 年美国《航空运输商务》中认为 800km 以内的航线为支线；我国认为省内及邻省城市间行距在 500km（部分学者认为 600km）以内的航线为支线。

（3）可简单地将支线理解为大城市与小城市之间的航线。

（二）航路（Air route）

航路是由民航主管当局批准建立的一条由导航系统划定的空域构成的空中通道。在这个通道上，空中交通管理机构要提供必要的空中交通管制和航行情报服务。

二、航段（Segment）与航节（Leg）

一条航线经过的城市至少有两个，即始发城市和终点城市，在始发城市和终点城市间可以有一个或多个经停城市。在某条航线上能够构成旅客行程的航段称为旅客航段，通常简称航段。在某条航线上航班飞机实际飞经的航段称为飞行航段，简称航节。例如海口-石家庄-哈尔滨航线，航段有三种可能：海口-石家庄、海口-哈尔滨、石家庄-哈尔滨。航节有两个海口-石家庄和石家庄-哈尔滨。

三、航班（Flight）

航班指飞机由始发站按规定的航线起飞，经过经停站至终点站或不经过经停站直达终点站的运输飞行。在国际航线上飞行的航班称国际航班，在国内航线上飞行的航班称为国内航班。航班主要有三种形式：定期航班、加班航班和专包机航班。

（一）定期航班

定期航班是指按照向社会公布的航班时刻表和规定的航线、机型、日期、时刻运营的航班。

（二）加班航班

加班航班是指根据运输市场需求，按照定期航班的航线和航班号在不同时间临时增加的航班。

（三）包机航班

包机航班是指承运人根据与包机人所签订的包机合同，按照约定的起飞时间和航线所进行的运输航班。

（四）专机航班

专机航班主要是指根据国家相关规定，执飞特殊（特定）重要任务的包机航班。

四、航线网络（Airline Network）

航线网络是指某一地域内的航线按一定方式连接而成的构造系统。航线网络由机场、航线和飞机等要素构成，其中机场和航线构成了航空运输的空间分布，决定了航空运输地面和空中保障能力，而飞机则通过航线由一个机场飞到另一个机场以实现旅客、货物、行李和邮件的空中位移。航线网络是航空公司航班计划和机组安排等运行计划的先决条件，对航空公司的运行效率和客户的服务质量有着重要的影响，是航空公司生存和发展的基础。

根据航线结构形式的不同，航线网络可分为两种：城市对航线网络和枢纽航线网络。

（一）城市对航线网络（Point-to-Point Network）

城市对航线网络也被称为点对点航线网络。这种航线网络中的航线是指从各个城市自身的需求出发，建立的城市与城市间的直飞航线，旅客不需要经过第三个机场（或城市）进行中转，且航线间安排航班也无须考虑衔接问题。城市对航线可以发展出线形航线。所谓线形航线又被称为城市串式航线或甩辫子航线，是指飞机从始发地至目的地的途中，经一次或多次停留，在中途机场补充旅客，以弥补起止机场间的客源不足。我国部分城市航线即属于线形航线，例如：海口-合肥-大连、海口-温州-长春等。

（二）枢纽航线网络（Hub-and-Spoke Network）

枢纽航线网络又可称为中枢辐射式航线网络或枢纽辐射式航线网络或轮辐式航线网络，是指含有枢纽机场（城市）和非枢纽机场（或城市）的航线网络模式。航线的安排以枢纽城市为中心，以干线形式满足枢纽城市之间旅客与货物运输的需要，同时以支线形式由枢纽城市辐射至附近各中小城市，以汇聚和疏散旅客与货物，干支线间有严密的航班时刻衔接计划。

第三节　民用航空组织管理机构

航空运输活动具备天然的国际性，因而产生了许多国际性的政治、经济、安全和技术问题，如民航活动与国家领空主权保护、统一技术规范、健康市场秩序问题、安全保卫问题等。为了促进这些问题的解决，相继成立了由主权国家、航空承运人、机场、空管部门等构成的国际性组织和协会，在国际航空安全管理中起着极为重要的作用。

一、国际民用航空组织（International Civil Aviation Organization，ICAO）

（一）历史与法律地位

1. 历史

国际民用航空组织（简称国际民航组织）是由各国政府组成的国际航空运输机构，是协调世界各国政府在民用航空领域内各种经济和法律事务、制定航空技术国际标准和促进国际航行运输发展的重要组织。

国际民用航空组织的前身为根据 1919 年《巴黎公约》成立的空中航行国际委员会。由于第二次世界大战对航空器技术发展起到了巨大的推动作用，使得世界上已经形成了一个包括客货运输在内的航线网络，但随之也引起了一系列急需国际社会协商解决的政治和技术上的问题。因此，在美国政府的邀请下，52 个国家于 1944 年 11 月 1 日至 12 月 7 日参加了在芝加哥召开的国际会议，签订了《国际民用航空公约》（通称《芝加哥公约》），按照公约规定成立了临时国际民航组织（PICAO）。1947 年 4 月 4 日，《芝加哥公约》正式生效，国际民用航空组织也正式成立，并于 5 月 6 日召开了第一次大会。同年 5 月 13 日，国际民用航空组织正式成为联合国的一个专门机构，其总部设在加拿大的蒙特利尔。

2. 法律地位

（1）国际民航组织是国际法主体，这种主体资格是由成员国通过《芝加哥公约》而赋予的。《芝加哥公约》第 47 条规定：本组织在缔约国领土内应享有为履行其职能所必需的法律能力。凡与有关国家的宪法和法律不相抵触时，都应承认其完全的法人资格。同时，《芝加哥公约》还详尽规定了国际民航组织作为一个独立的实体在国际交往中所应享有的权利和承担的义务。

（2）国际民航组织的权利能力和行为能力主要表现在：协调国际民航关系、解决国际民航争议，国际民航组织各成员国代表和该组织的官员，在每个成员国领域内，享有为达到该组织的宗旨和履行职务所必需的特权和豁免，参与国际航空法的制订。

（3）国际民航组织是政府间的国际组织，联合国的专门机构，是各主权国家以自己本国政府的名义参加的官方国际组织，取得国际民航组织成员资格的法律主体是国家，代表这些国家的是其合法政府。

（4）国际民航组织是联合国的一个专门机构，但并不是联合国的附属机构，而是在整个联合国体系中享有自主地位。联合国承认国际民航组织在其职权范围内的职能，国际民航组织承认联合国有权提出建议并协调其活动，同时定期向联合国提供工作报告，相互派代表出席彼此的会议，但无表决权。一个组织还可以根据需要参加另一组织的工作。

（二）主要任务

国际民航组织的总任务是保证和促进国际民航安全、正常、有效和有序地发展。

具体可以展开为以下九个任务：

(1) 确保全世界国际民用航空安全和有秩序地发展；

(2) 鼓励为和平用途的航空器的设计和操作技术；

(3) 鼓励发展国际民用航空应用的航路、机场和航行设施；

(4) 满足世界人民对安全、正常、有效和经济的航空运输的需要；

(5) 防止因不合理的竞争而造成经济上的浪费；

(6) 保证缔约各国的权利充分受到尊重，每一缔约国均有经营国际空运企业的公平的机会；

(7) 避免缔约各国之间的差别待遇；

(8) 促进国际航行的飞行安全；

(9) 普遍促进国际民用航空在各方面的发展。

(三) 组织机构

国际民航组织由大会、理事会和秘书处三级框架组成。

大会是国际民航组织的最高权力机构，由全体成员国组成。大会由理事会召集，一般情况下每三年举行一次，遇有特别情况时或经五分之一以上成员国向秘书长提出要求，可以召开特别会议。大会决议一般以超过半数通过。参加大会的每一个成员国只有一票表决权。但在某些情况下，如《芝加哥公约》的任何修正案，则需三分之二多数票通过。

理事会是向大会负责的常设机构，由大会选出的 33 个缔约国组成。理事国分为三类：第一类是在航空运输领域属特别重要地位的成员国；第二类是对提供国际航空运输的发展有突出贡献的成员国；第三类是区域代表成员国。

秘书处是国际民航组织的常设行政机构，由秘书长负责保证国际民航组织各项工作的顺利进行。秘书长由理事会任命。秘书处下设航行局、航空运输局、法律局、技术合作局、行政局五个局以及财务处、外事处。此外，秘书处有一个地区事务处和七个地区办事处，分设在曼谷、开罗、达喀尔、利马、墨西哥城、内罗华和巴黎。地区办事处直接由秘书长领导，主要任务是建立和帮助缔约各国实行国际民航组织制定的国际标准和建设措施以及地区规划。

二、国际航空运输协会 (International Air Transport Association，IATA)

国际航空运输协会简称国际航协，是一个由世界各国航空公司所组成的大型国际组织，其前身是 1919 年在海牙成立并在二战时解体的国际航空业务协会。1945 年 4 月 16 日在哈瓦那会议上修改并通过草案章程后，新组织于同年 10 月正式成立，总部设在加拿大的蒙特利尔，执行机构设在日内瓦。

与监管航空安全和航行规则的国际民航组织相比，国际航协更像是一个由承运人（航空公司）组成的国际协调组织，管理在民航运输中出现的诸如票价、危险品运输等问题，主要作用是通过航空运输企业来协调和沟通政府间的政策，并解决实际运作的问题。截止到 2019 年 3 月，国际航空运输协会有会员 290 家，代表了国际航空运输总量的 82% 左右。

IATA 的宗旨是为了世界人民的利益，促进安全、正常而经济的航空运输，对于直接或间接从事国际航空运输工作的各空运企业提供合作的途径，与国际民航组织以及其他国际组织通力合作。

IATA 的基本职能包括：国际航空运输规则的统一，业务代理，空运企业间的财务结算，技术上的合作，参与机场活动，协调国际航空客货运价，航空法律工作，帮助发展中国家航空公司培训高级和专门人员。

IATA 由全体会议、常务委员会、执行委员会和专门委员会组成。全体会议是国际航空运输协会的最高权力机构，每年举行一次会议，经执行委员会召集，也可随时召开特别会议。所有正式会员在决议中都拥有平等的一票表决权，如果不能参加，也可授权另一正式会员代表其出席会议并表决。全体会议的决定以多数票通过。

IATA 从组织形式上是一个航空企业的行业联盟，属非官方性质组织，但是由于世界上大多数国家的航空公司是国家所有或者受到所属国的强力参与或控制，因此国际航空运输协会是一个半官方组织，其制定运价的活动，必须在各国政府授权下进行。

三、国际机场理事会（Airports Council International，ACI）

国际机场理事会，原名为国际机场联合协会，于 1991 年 1 月成立，1993 年 1 月 1 日改称国际机场理事会。国际机场理事会是全世界所有机场的行业协会，是一个非营利性组织，其宗旨是加强各成员与全世界民航业各个组织和机构的合作，包括政府部门、航空公司和飞机制造商等，并通过这种合作促进建立一个安全、有效、与环境和谐发展的航空运输体系。

国际机场理事会有 5 个常务委员会，就其各自范围内的专业制定有关规定和政策。

（一）技术和安全委员会

主要涉及：缓解空域和机场拥挤状况；未来航空航行系统；跑道物理特征；滑行道和停机坪；目视助航设备；机场设备；站坪安全和场内车辆运行；机场应急计划；消防救援；破损飞机拖移等。

（二）环境委员会

主要涉及：喷气式飞机、螺旋桨飞机和直升机的噪声检测；与噪声有关的运行限制；发动机排放物及空气污染；机场附近土地使用规划；发动机地面测试；跑道化学物质除冰；燃油储存及泼溅；除雾；鸟类控制等。

（三）经济委员会

主要涉及：机场收费系统；安全、噪声和旅客服务收费；用户咨询；商业用地收入及发展；高峰小时收费；硬软货币；财务统计；机场融资及所有权；纳税；各种影响经济的因素；航空公司政策变动、合并事项，航空运输协议的签署；航空业与其他高速交通方式的竞争；计算机订座系统。

（四）安全委员会

主要涉及：空陆侧安全；隔离区管理措施；航空安全技术；安全与设备之间的内在关系等。

（五）简化手续和便利客户流程委员会

主要涉及：客、货、邮件处理设备；旅客及货物的自动化设备；对付危险物品、走私毒品的措施；设备与安全之间的内在关系等。

国际机场理事会由 6 个地区分会组成：非洲地区分会，亚洲地区分会，欧洲地区分会，拉丁美洲/加勒比海地区分会，北美地区分会和太平洋地区分会。ACI 同时也是 ICAO 的下属机构。北京首都国际机场于 1996 年 11 月 17 日被国际机场理事会正式批准成为该组织的会员。

四、国际航空电信协会（Society International De Telecommunication Aero-nautiques，SITA）

国际航空电信协会是国际民航组织认可的一个非营利组织，是航空运输领域世界领先的电信和信息技术解决方案的集成供应商。1949 年 12 月 23 日由 11 家欧洲航空公司的代表在比利时的布鲁塞尔创立。

经过几十年的发展，SITA 已成为一个国际化的航空电信机构，SITA 经营着世界上最大的专用电信网络，不仅为航空公司提供网络通信服务，还可为其提供共享系统，如机场系统、行李查询系统、货运系统、国际票价系统等。

除全球通信网络外，SITA 还建立并运行着两个数据处理中心，一个是设在美国亚特兰大的旅客信息处理中心，主要提供自动订座、离港控制、行李查询、旅客订座和旅行信息；另外一个是设在伦敦的数据处理中心，主要提供货运、飞行计划处理和行政事务处理业务。

中国民航于 1980 年 5 月加入 SITA。中国民航通信网络与 SITA 相连通，实现了国内各个航空公司、机场航空运输部门与外国航空公司和 SITA 亚特兰大自动订座系统连通，实现大部分城市订座自动化。中国民航还部分使用了 SITA 伦敦飞行计划自动处理系统，在商定的航线采用自动处理的飞行计划。我国的三大航空公司加入了 SITA，成为其会员。

五、国际航空运输企业战略联盟

航空战略联盟是指两个或两个以上的航空运输经营实体之间为了达到某种战略目的而建立的一种合作关系，其特点是联盟的各实体在相对独立的前提下合作，航空公司之间的战略联盟首先是由跨地区、跨国家之间的实力强大的航空公司在客运方面开始的，建立起联盟的统一服务网络，扩大代码共享，安排相互衔接的航班，建立统一的中转枢纽。

目前全球主要的航空战略联盟有：星空联盟、天合联盟、寰宇一家，每一家联盟都是由多国的多家航空公司组成。

星空联盟（Star Alliance）成立于 1997 年，总部位于德国法兰克福，是世界上第一家全球性航空公司联盟。星空联盟最初成立时包括五个成员：北欧航空、泰国国际航空、加拿大航空、汉莎航空以及美国联合航空。星空联盟主要的合作方式包括了扩大代码共享规模，常旅客计划的积分分享，航线分布网的串联与飞行时间表的协调，在各地机场的服务柜台与贵宾室共享等内容。2007年12月中国国际航空公司加入星空联盟。

天合联盟（SKYTEAM）成立于2000年，由法国航空、达美航空、墨西哥航空和大韩航空联合成立，曾译为"空中联队"。2004年9月与"飞翼联盟"合并后，荷兰皇家航空以及美国西北航空公司成为其会员。天合联盟航空联盟网络每日航班达16 270个架次，航线目的地达1 150个，通达175个国家和地区。2007年11月，中国南方航空公司加入天合联盟，成为首家加入国际航空联盟的中国内地航空公司。但是自2020年1月起，中国南方航空公司退出了天合联盟。2011年6月，中国东方航空公司正式加入天合联盟。

寰宇一家（One World）是1999年2月1日正式成立的国际性航空公司联盟。由美国航空、英国航空、国泰航空、澳洲航空、原加拿大航空等5家分属不同国家的大型国际航空公司发起结盟，其成员航空公司及其附属航空公司在航班时间、票务、代码共享、乘客转机、飞行常客计划、机场贵宾室以及降低支出等多方面进行合作。

六、部分中国民用航空协会及组织

随着中国民航的不断发展和完善，中国民用航空组织管理机构除了上文提到的民用航空系统内的政府机构——中国民用航空局，以及民航机构主要构成部门航空运输企业、民航运输机场、民航空中交通管理机构、航空运输服务保障类企业以外，同样成立了相关的行业协会和组织，通过自发的组织和协调，成为政府组织职能的有效补充，进一步提高了民航运输的安全性和运行效率。

（一）中国航空运输协会（China Air Transport Association，CATA）

中国航空运输协会简称"中国航协"，成立于2005年9月9日，是依据我国有关法律规定，经中华人民共和国民政部核准登记注册，以民用航空公司为主体，由企、事业法人和社团法人自愿参加组成的行业性的不以营利为目的的全国性社团法人。截至2020年8月，协会会员2 428家，本级会员116家，分支机构会员2 312家。行业主管部门为中国民用航空局。

中国航协下设综合人事部、财务部、研究部、市场部、培训部、交流部6个部门；分支机构有航空安全工作委员会、通用航空分会、航空运输销售代理分会、航空食品分会、航空油料分会、教育培训和文化分会、客舱乘务委员会、法律委员会、财务金融审计工作委员会、收入会计工作委员会、航空环境保护委员会、科技和信息化委员会、海峡两岸航空运输交流委员会、航空物流发展基金管理委员会。

（二）中国民用机场协会（China Civil Airports Association，CCAA）

中国民用机场协会是由全国民用机场相关企事业单位自愿结成的全国性、行业性社会组织，于2006年9月经中华人民共和国民政部登记注册成立。截至2020年7月，协会会员单位401家。其中，机场集团28家，运输机场197家，通用机场44家，民航相关企事业单位127家，民航科研院校5家。

该协会的业务范围是：贯彻国家法律、法规及政策，推进法规政策的实施；加强行业自律，开展推荐性规范文件和行业标准的编制工作；加强政策及课题研究，积极参与政府政策、立法及行业标准的制定、修订工作，代表会员向政府提出相关意见建议；搭建合作交流平台，举办多种形式的业务交流和咨询活动，促进国内外交流与合作；按照有关规定，组织举办会展、论坛，传播、推广先进经验和技术；加强行业诚信建设，推进行业安全、服务指标体系的完善和实施，促进机场提升安全、服务水平；组织开展机场专业技术和管理培训，受政府有关部门委托，对机场会员进行岗位资质认证，开展科技项目的研究推广、成果鉴定等工作；依照有关规定，组织编辑出版协会刊物，建设多媒体信息平台；接受政府有关部门和会员的委托，提供其他服务。

第四节　民航旅客运输

民航旅客运输需要航空运输企业、民航运输机场、空中交通管理等部门通力协作，才能保障安全、高效地完成航空运输的各项生产活动。本节内容是站在民航运输生产的角度介绍民航旅客运输组织与管理，主要内容包括：航班计划、客票销售、飞行组织与实施。

一、航班计划

航班计划是规定正班飞行的航线、机型、班次和班期时刻的计划。正班飞行是按照对外公布的班期时刻表进行的航班飞行。民航旅客运输的组织生产活动以航班计划作为基本的依据。

航班计划的内容包括航线、机型、航班号、每周班次、班期、航班时刻等。

（一）航线

航线必须同时具备三个条件才能列入航班计划：有定期航班飞行；有足以保证飞行和起降所需的机场和其他设备设施；经过主管部门批准。目前我国的航空公司开辟新航线必须报请民航局运输司和空中交通管理局审批。

（二）机型

机型是指正班飞行计划使用的飞机型号。飞机型号是制造厂家按照飞机的基本设计所确定的飞机类型编号。不同的机型，其基本设计不同，最大起飞重量、巡航速度、最大业载航程、对机场跑道的要求等技术指标都有所不同。飞机技术性能又直接影响飞机的适用范围、载运能力、销售价格及运输成本，因此必须综合考虑各航线的航路条件、起降机场条件、运输需求数量，以及航空公司机队构成和各机型的技术性能等因素，把航空公司现有的各型飞机合理配置到各条航线上去，这是提高航线经营效益的重要条件。

（三）航班号

航班号即航班编号，它是按照统一规定的编号原则确定的。

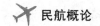

1. 国内航班号的编排

航班号是由航空公司的两字代码加 4 个数字组成，航空公司代码由民航局规定公布。后面的四位数字第一位代表航空公司的基地所在地区；第二位表示航班的基地外终点所在地区（1 为华北、2 为西北、3 为中南、4 为西南、5 为华东、6 为东北、7 为海南、8 为厦门、9 为新疆）；第三、第四位表示这次航班的序号，单数表示由基地出发向外飞的去程航班，双数表示飞回基地的回程航班。

例如：CA1202，西安飞往北京的航班，CA 是中国国际航空公司，第一位数字 1 表示华北地区，国航的基地在北京，属华北地区；第二位数 2 表示航班的基地外终点在西安，属于西北地区；02 为航班序号，其中末尾数 2 表示是回程航班。

再如：MU5305，上海飞往广州的航班，MU 是中国东方航空公司代码，5 代表上海所在的华东地区，3 代表广州所在的中南地区，05 为序号，单数是去程航班。

根据航班号可以很快地了解到航班的执行公司、飞往地点及方向，这对管理和乘客来说都非常方便。这些不成文的规定源于民航发展初期，当时航班主要由民航局直属航空公司承担，按区域划分飞行任务的安排，使得航班号编排比较有规律。随着地方航空公司的发展、民航企业间重组、代码共享、飞行区域交叉等原因，航班号的编排不再那么严格遵循规律。

2004 年，三大航空公司重组后，航班号的编制和使用方法混乱，时有航班号数字重复现象，导致陆空通话中出现误听问题。中国民航局重新制定了航班号的分配和使用方案，2004 年 10 月底的秋冬季航班换季时执行。新的分配方案的规律主要有以下两点：第一，单双数结尾规律仍然不变，出基地的结尾单数，回基地的结尾双数；第二，在概率上，航班号的前两位数字仍与航空公司的基地位置、终点位置有一定的相关性。从航班第一、第二位数字的统计数据来看，这个"数字——地区"的规律特别对国航、南航、东航来说，仍然有迹可循。比如国航（CA）的航班号第一位为"1""4""8""9"。使用"1"（即原来代表的华北基地）这个开头的航班最多，占 63%。南航（CZ）的航班，"3"（即原来代表的中南基地）字最多，占 53%。东航（MU）的航班，"5"（华东）字头最多，占 53%。第二位数特别字为"5"的航班，飞往华东的占多数。第二位数字为"1"的航班，飞往华北的比例最高。

2. 国际航班号的编排

航班号是由航空公司代码加 3 位数字组成。第一位数字表示航空公司，后两位是航班序号，单数为去程，双数为回程。如：CA982，由纽约飞往北京的航班，是由中国国际航空公司承运的回程航班。

（四）每周班次

每周班次是指航班在一周内的飞行次数。由航班始发站到终点站，再回到原来的始发站，一个往返称为一个班次。每周班次要根据空运需求大小、适用的机型、起降机场的条件及航班时刻的分配等因素进行安排。

（五）班期

班期是指飞行日期，即航班在一周中的哪一天飞行。

（六）航班时刻

航班时刻是指航班起飞和到达的具体时间。

航班的班期和时刻要在综合考虑具体航线上空运需求的时间分布特征、飞机的充分利用、航班之间的衔接，以及机场和航路的合理使用等因素的基础上进行安排。

由于航空运输具有较强的季节性，为了适应空运需求的季节性变化，我国航空公司目前每年编制两期航班计划，一期是夏秋季航班计划，自每年的 4 月初至当年的 10 月下旬执行；另一期是冬春季航班计划，自每年的 11 月初至来年的 3 月下旬执行。无论是夏秋季航班计划还是冬春季航班计划，航空公司都要提前 10 个月左右开始编制，提前半年做出航班计划草案，报民航局审核，并在民航局召开由航空公司、机场、空中交通管理部门参加的航班协调会上进行平衡和协调。航班计划正式确定之后，要在执行前两个月左右进入销售系统，在执行前一个月左右以班期时刻表的形式向社会公众公布。

二、客票销售

客票及行李票，是由承运人或代理人填开的，是旅客乘机或者交运行李的初步证据，也是承运人之间、承运人与代理人之间结算的凭证。

在民航运输中，客票价格通常分为以下几种。

（一）经济舱（Y 舱）票价

经济舱票价也称普通舱票价，是对外公布的经济舱单程散客成人全票价，是各类航线客票价格的基础。人们购买的折扣票就是在经济舱票价的基础上进行打折的。

（二）公务舱（C 舱）票价

公务舱是航空公司为了满足公务旅客对座位和服务的需求，在飞机客舱布局上布置了较经济舱服务标准高，但较头等舱服务标准略低的一种舱位。公务舱票价按照经济舱票价的 130％计算。

（三）头等舱（F 舱）票价

头等舱是航空公司为了满足高端旅客对座位和服务的需求，在飞机客舱布局上布置了较公务舱更为宽敞舒适的座椅和提供高标准的餐食，以及高标准的客舱服务的一种舱位。头等舱票价按照经济舱票价的 150％计算。

（四）儿童及婴儿票价

年龄满 2 周岁但未满 12 周岁的人称为儿童，儿童按成人正常票价的 50％购买儿童票，提供座位。儿童票免收机场建设费，燃油附加费减半。年龄未满 2 周岁的人称为婴儿，婴儿按成人正常票价的 10％购买婴儿票，不提供座位。婴儿票免收机场建设费和燃油附加费。

客票销售即根据航班计划、航空公司市场销售部门以及销售代理，在公布的订座期限内，进行航班座位销售。

客票销售方式包括直接销售和间接销售两种。

直接销售是航空公司将运输产品直接销售给顾客，航空公司通过自己的销售人员

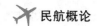

或者建立计算机网络系统进行销售。

直接销售的优势在于：省去了中间环节，有利于加快资金周转，控制经营风险，降低销售成本；直接与旅客接触，有利于改进服务、调整运价，与旅客建立良好的关系；可以充分了解运输市场和旅客的需求，并为满足旅客的特殊需要提供可能。

随着互联网的发展和电子客票的广泛应用，航空公司的直销渠道开始大面积向电子商务模式转变，就国内而言，主流航空公司都已经建立了自己的直销网络，旅客可以自行在其直销网站上查看航班情况，并进行机票预订、在线支付、网上值机等一系列流程。旅客购买直销的电子客票时，旅客的相关信息可以直接进入航空公司的客户档案，航空公司可以利用这些信息分析旅客旅行习惯和规律，采取主动营销、个性化营销等手段，提高服务质量。

近年来，国内外航空公司的电子客票直销比例不断提高。当前，美国航空公司电子客票直销比例超过 60%，新加坡超过 50%。在我国，春秋航空公司直销的电子客票的比例几乎是 100%，其他航空公司的直销比例也在不断提高。

间接销售主要是指通过销售代理人进行航空公司产品销售，部分航空公司目前仍采用这种销售渠道，或者同时采用两种方式进行客票销售。

三、飞行组织与实施

飞行组织与实施过程主要包括以下几个部分：旅客乘机阶段、运输飞行阶段和旅客离港阶段。

（一）旅客乘机阶段

1. 乘机手续

乘机手续主要包括办理值机（凭身份证等有效证件换取登机牌）和托运行李。同时，机场有关部门对旅客和行李进行安全检查。

值机手续：旅客持本人的身份证等有效证件交付检验，同时交运行李，在验明无误后，拿到登机牌。登机牌是旅客交验客票以后，得到登机许可证的证明。登机牌上有航班号、座位号、始发站和目的地、登机门和登机时间。旅客出示登机牌才能登机。工作人员根据登机牌信息来核对和计算登记人数，登机手续按规定应在航班起飞前 30 分钟办完。

安全检查：为了预防飞机在空中飞行时不法分子的非法行为而采取的防范措施。按照国家有关法规实施，对旅客以及其携带的物品进行安全检查，防止其将武器、凶器、弹药和易燃、易爆、剧毒、放射性物品带上飞机。除经特殊许可外，所有的旅客、进入安全隔离区的人员和物品都要进行安全检查。

2. 民航特殊旅客运输

特殊旅客是指需要给予特殊礼遇和照顾的旅客，或由于其身体和精神状况需要给予特殊照料，或在一定条件下才能承运的旅客。民航特殊旅客主要包括以下几类：

（1）重要旅客（也称 VIP 要客）：是指国内或外国政府的高层官员和知名人士，对他们的候机、登机、配餐给予特殊服务，优先保证他们的需要。

（2）儿童：12 周岁以下的是儿童，2 周岁以下的是婴儿。8 周岁以下的儿童必须有成人陪伴。8周岁以上的儿童可以单独乘机,称为无人陪伴儿童,可以由儿童的父母或监护人送到上机地点,在下机地点安排人迎送,如果儿童父母在下机地或转机地安排有困难时,航空公司在接到申请、批准后,可以安排乘务人员予以陪伴或照顾。

(3)伤残病人:伤残人或病人乘机要填写乘机申请书。为保证飞行时的安全,根据病残情况和有关规定,航空公司可以接受或拒绝运载,这类旅客还要交验诊断证明书,在接受申请后把情况通知安排航班飞行的有关部门,在得到同意后,才能售票。航班上要根据情况准备服务的事项和设备(如担架、轮椅等)。

3. 不正常航班处理

航班正常是指飞机在航班时刻表上公布的离站时间前关好舱门,并在公布的离站时间前后15分钟内起飞,同时在公布的到达站正常着陆的航班;反之则为不正常航班。不正常航班主要包括:航班延误和航班取消。

在航班运营过程中,出现航班不正常情况,民航运输系统各个部门要相互配合,做好旅客的服务工作,将影响降到最低。

航行签派部是指挥飞机的核心机构,遇到航班不正常的情况,首先由航空公司签派部门掌握情况,做出处理决定并把决定通知运输部门和有关的航站。各航站和运输服务部门根据改变的情况进行积极准备,尽可能配合空勤部门缩短延误时间。气象部门要把航路气象情况和天气预报提供给航务部门,为航务部门的后续决定提供有效信息。如果是机务维修部门出现的问题,机务部门应全力排除故障,解决问题。机场或航空公司地面服务部应实事求是地向旅客说明原因,并预告计划等待时间和起飞时间,帮助旅客解决困难;根据延误时间的长短,为旅客提供饮水,就餐或者住宿的服务;旅客要求退票的,应尽力协助办理。

4. 行李运输

承运人承运的行李,按照运输责任分为托运行李和旅客随身携带行李。

(1)行李托运的有关规定。

重要文件和资料、外交信袋、证券、货币、汇票、贵重物品、易碎易腐物品,以及其他需要专人照管的物品,不得夹入行李内托运。承运人对托运行李内夹带上述物品的遗失或损坏按一般托运行李承担赔偿责任。国家规定的禁运物品、限制运输物品、危险物品,以及具有异味或容易污损飞机的其他物品,不能作为行李或夹入行李内托运。承运人在收运行李前或在运输过程中,发现行李中装有不得作为行李或夹入行李内运输的任何物品,可以拒绝收运或随时终止运输。旅客不得携带管制刀具乘机。管制刀具以外的利器或钝器应随托运行李托运,不能随身携带。

(2)行李的收运规格。

托运行李的重量每件不能超过50kg,体积不能超过 $40 \times 60 \times 100cm$,超过上述规定的行李,须事先征得承运人的同意才能托运。随身携带物品的重量,每位旅客以5kg为限。持头等舱客票的旅客,每人可随身携带两件物品。每件随身携带物品的体积均不得超过 $20 \times 40 \times 55cm$。超过上述重量、件数或体积限制的随身携带物品,应作为托运行李托运。一般情况下,每位旅客的免费托运行李额:持成人或儿童票的头等舱旅

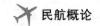

客为 40kg，公务舱旅客为 30kg，经济舱旅客为 20kg。持婴儿票的旅客无免费行李额。

承运人对旅客托运的每件行李应拴挂行李牌，并将其中的识别联交给旅客。不属于行李的物品应按货物托运，不能作为行李托运。

（3）逾重行李计费和行李声明价值。

旅客的逾重行李在其所乘飞机载量允许的情况下，应与旅客同机运送。旅客应对逾重行李付逾重行李费，逾重行李费率以每千克按经济舱票价的 1.5% 计算，金额以元为单位。

旅客的托运行李，每公斤价值超过人民币 50 元时，可办理行李的声明价值。承运人应按旅客声明的价值中超过限额部分的价值的 5% 收取声明价值附加费，金额以元为单位。托运行李的声明价值不能超过行李本身的实际价值。每一旅客的行李声明价值最高限额为人民币 8 000 元。如承运人对声明价值有异议而旅客又拒绝接受检查时，承运人有权拒绝收运。

（二）运输飞行阶段

运输飞行阶段是具体实施运输任务的全部过程，分为飞行准备和飞行实施两部分。

飞行准备阶段：为了保证运输飞行安全和正点，航空公司的机务维修部门必须保证飞机各项性能指标符合适航标准，地勤部门必须保障机上服务用品（如配餐、用水等）准备齐全；机场当局必须确保跑道等设施条件良好，为航班飞机提供牵引、登机桥和其他特种车辆服务；航务管理部门确保飞行调度和通信导航设备可靠，为飞机的起飞、飞行和降落提供可靠的航行指挥和通信服务；油料供应保证航班用油充足。

飞行实施阶段：飞机的空中飞行阶段，飞行任务主要由机组和地面空中交通管制部门协作完成，飞行进入平稳阶段后，乘务人员向旅客提供相应的服务。

（三）旅客离港阶段

在飞机安全抵达目的地机场后，运输服务部门安排旅客下机、卸运行李等服务。如果是国际航班，旅客还要接受边防检查、海关检查、检验检疫等程序。

第五节　民航货物运输

民航货物运输是一种快捷的现代运输方式，它除具有速度快、超越地理限制、运价高的特点外，还具有运输方向性（来回程运量有差异）、对象广泛性（货物种类多）、销售集中性（货物市场相对集中、稳定）等特点。近年来，随着现代科技的发展，高性能、大运载量、低油耗新型飞机的投入以及人们对时空的新需求，使航空货运市场不断扩展和繁荣。

一、民航货物运输形式及特种货物的分类

（一）货运形式

航空货运按形式大致可以分为普通货物运输、急件运输、航空快递、特种货物运

输和包机运输。

1. 普通货物运输

普通货物指托运人没有特殊要求，承运人和民航当局没有特殊规定的货物，这类货物按一般运输程序处理，运价为基本价格的货物运输。

2. 急件运输

急件运输也称为快件运输，是指从货物受理的当天 15 时起算，300km 运距内，24h 以内运达；1 000km 运距内，48h 以内运达；2 000km 运距内，72h 以内运达。一般是由专门从事该项业务的公司和运输公司、航空公司合作，派专人以最快的速度在发件人、货运中转站或机场、收件人之间递送急件。

3. 航空快递

航空快递是指航空快递企业利用航空运输，收取收件人的快件并按照向发件人承诺的时间将其送交指定地点或者收件人，掌握运送过程的全部情况并能将即时信息提供给有关人员查询的门对门速递服务。运输的货物以文件、样品、小件包裹为主。

4. 特种货物运输

特种货物是与普通货物相对而言的，普通货物一般是在运输、装卸、保管中无特殊要求的货物，特种货物则是在运输、装卸、保管中需采取特殊措施的货物。由于特种货物运输作业过程涉及不同载运工具、运输线路、运输要求和方法，不同的运输要求、载运工具、运输线路、仓储设施、装卸设备等方面对特种货物及其作业也有一些细节上的差异。因此，为了保证特种货物的运输安全和运输工作正常运行，必须具有其特定的运输、装卸、保管、监控等技术、组织条件和安全防护措施，满足特种货物运输、储存、装卸及其他要求。

5. 包机运输

包机运输是指航空公司按照约定的条件和费率，将整架飞机租给一个或若干个包机人（包机人指发货人或航空货运代理公司），从一个或几个航空站装运货物至指定目的地。包机运输适合于大宗货物运输，费率低于班机，但运送时间则比班机要长些。包机的最大载重和运输货物要求要符合飞行安全的条件和民航局的有关规定。

（二）特种货物的分类

《中国民用航空货物国内运输规则》中对特种货物运输做了明确的规定，其内容和国际货运的规定大体一致，主要包括：超大超重货物、危险货物、贵重货物、鲜活易腐货物、易碎货物、外交信袋等。

二、民航货物运输的收运

（一）托运书

航空货运代理人与发货人就货物运输达成意向后，可向发货人提供所代理的有关航空公司的货物托运书。货物托运书被视为航空货物运输合同的一个组成部分，是收运货物、计算运费、填写货运单的书面依据。对于长期运输或发货量较大的单位，航

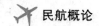

空货运代理一般都与之签订长期的代理协议。发货人发货时，首先填写委托书，并加盖公章。国内货物托运书样式如表 4-1 所示。

表 4-1　国内货物托运书样式

现委托你公司空运以下货物，一切有关事项开列如下：

始发站			目的站		
托运人姓名或单位名称				邮政编码	
托运人地址				电话号码	
收货人姓名或单位名称				邮政编码	
收货人地址				电话号码	

储运注意事项及其他					声明价值	保险价值

件数	毛重	运价种类	商品代号	计费重量	费率	货物品名（包括包装、尺寸或体积）

说明： 1. 托运人应当详细填写或审核本托运书各项内容，并对其真实性、准确性负责。 2. 有不如实申报价值的货物发生丢失、损坏或被冒领的赔偿价值以此托运书的注明为准，造成赔偿不足的责任由托运人或收货人负责。 3. 承运人根据本托运书填开的航空货运单经托运人签字后，航空运输合同即告成立。 托运人或其代理人 签字（盖章）： 托运人或其代理人 身份证号码：		货运单号码	
		X 光机检查	
	经办人	检查货物	
		计算重量	
		填写标签	
		年　　月　　日	

填写的项目有托运人姓名、地址、收货人姓名、地址、始发站、到达站、代理人名称、托运人声明价值、货物名称、件数、包装、重量、货运单号码，其中重量和货运单号由承运人填写，托运人和经办人签字。

（二）航空货运单

托运人托运航空货物必须填写航空货运单。货运单是托运人和承运人之间订立的运输合同，是货物运输的凭证，同时也是收费收据和保险证明。航空公司承运货物必须出具航空货运单。航空运单的条款有正面、背面条款之分。各航空公司所使用的航空运单大多借鉴 IATA 所推荐的标准格式，不同的航空公司有自己独特的航空运单格式，但差别并不大。

《民用航空国内货运规则》规定，货运单应由托运人填写，由于货运单内容填写的不正确造成的损失应由托运人承担。但是由于货运单填写的复杂性，一般的做法是在托运人填写好托运书后，由承运经手人依据托运书来填写货运单，以避免由于不熟悉或缺乏了解造成的填写错误，货运单不得对托运书的内容有所改动，货运单的正确性仍然由托运人负责。我国的货运单一式八份，其中正本三份，副本五份。正本第一联交承运人，由托运人签字；第二联交收货人，由托运人和承运人签字或盖章，收货人在此联上签字取货；第三联交托运人，由承运人接货后盖章；三份具有同等效力，五份副联是用来为其他中间承运人或财务部门留作凭证用的。

货运单的基本内容为：填写的日期和地点、收货人名称及地址、货物名称、包装方式、件数、重量、体积尺寸、计费、托运人声明等。由于货运单在运输整个过程中都要发挥作用，是货运中最重要的文件，因此填写上一定要准确，并要核查，防止出现任何错误。

1. 尺寸重量限制

第一，根据航班机型及始发站、中转站和目的站机场的设备条件、装卸能力确定可收运货的最大重量和尺寸。

第二，非宽体飞机，单件货物重量一般不超过 80kg，尺寸不超过航线机型的货舱门尺寸，并预留装卸空间，一般情况下，货物的实际尺寸需小于货舱门尺寸 10cm 左右。

第三，货物的最小尺寸除可直接随附货运单的文件、信函类货物外，其他货物的长、宽、高均不得小于 40cm。低于以上标准者，由托运人加大包装。

第四，货物重量按毛重计算，计量单位为 kg，尾数四舍五入。每张航空货运单的货物重量不足 1kg 时，按 1kg 计算。贵重物品，计量单位为 0.1kg。

第五，宽体飞机载运的货物，每件货物重量一般不超过 250kg，体积一般不超过 $100 \times 100 \times 140$cm。

第六，轻泡货物按每 6 000cm³ 折合 1kg 计量。

2. 包装与标志

第一，货物的包装应当保证货物在运输过程中不致损坏、散失、渗漏，不致损坏和污染飞机设备或其他物品。

第二，货物包装内不准夹带禁止运输或者限制运输的物品、危险品、贵重物品、保密文件和资料等。

第三，精密、易碎、怕震、怕压、不可倒置的货物，必须有相应防止货物损坏的包装措施和指示标志。

第四，托运人应当在每件货物外包装上标明出发站、到达站和托运人、收货人的

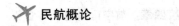

单位、姓名及详细地址。托运人使用旧包装时，必须除掉旧包装的残旧标志和标贴。

第五，活体动物、鲜活易腐物品、贵重物品等特种货物的包装应符合航空运输对各种货物的特定要求。

（三）货物的运送

货物的运送即是承运人按照货运单上的发运日期和航班要求将货物运达目的地。航空货物运送的过程包括出港（发出）和进港（收到）。

1. 有关运送的文件

货运单是货物运送的主要文件，它的副联是为接续承运人设计的，如果一次运输有多个承运人，每一个承运人都要有一个副联，作为承运的证据和结算凭证。在货物装运时，每一架飞机上都要有舱单。舱单是机上货物的清单，舱单的作用是使运输机飞行部门掌握货物的性质和重量以便配重，也是承运人之间货物交接时的凭证，舱单和货运单一起作为结算凭据。

2. 发运的顺序

承运人应按照货物的性质，依照规定的顺序尽快发运货物，顺序如下：

第一，救灾、抢险，政府指定的急运物品；

第二，急件；

第三，贵重物品；

第四，中转物品；

第五，一般物品。

3. 装机

承运人应该根据空运货舱的舱位、飞机的型号、运输的路线合理配载，装机发运。对于特种货物要通知机长，装机时要精心装卸，按货物包装上的标识作业。

三、到达与交付

货物到达目的地后，航空承运人通知收货人，收货人凭到货通知单和有效证件提取货物。

货物到达后，承运人要立即通知收货人，货物免费保管 3 日，超过日期要交纳保管费。收货人收到后，对货物检查，如果没有短缺、损坏，收货人在货运单上签字，表示货物已经完好交付。

如果到货后 14 日无人领取，到货站应和始发站联系，询问托运人的意见，如果 60 日之后无人领取，就作为无法交付货物交有关部门处理。

四、民航货物运输的运价和损失赔偿

（一）货运运价

国内航空货物运价是指国内各航空公司以我国民航总局颁发的《关于下发国内航空货物运价的通知》为指导规则和依据所制定的货物的运输价格。

国内航空货物运价的类别主要包括：

1. 普通货物运价

（1）基础运价。

民航局统一规定各航段货物基础运价为 45kg 以下普通货物运价。

（2）重量分界点运价。

国内航空货物运输建立 45kg 以上、100kg 以上、300kg 以上 3 级重量分界点及运价。

2. 等级货物运价

急件、生物制品、珍贵植物和植物制品、活体动物、骨灰、灵柩、鲜活易腐物品、贵重物品、枪械、弹药、押运货物等特种货物实行等级货物运价，按照基础运价的 150% 计收。

3. 指定商品运价

对于一些批量大、季节性强、单位价值低的货物，航空公司可申请建立指定商品运价。

4. 最低运费

每票国内航空货物最低运费为人民币 30 元。

5. 集装货物运价

以集装箱、集装板作为一个运输单元运输货物可申请建立集装货物运价。

（二）货物损失的赔偿

货物索赔是托运人、收货人或其代理人对承运人在货物运输组织的全过程所造成的货物毁灭、破损、遗失、变质、污染、延误、数量短缺等，向承运人提出赔偿。

航空货运索赔在航空货物运输过程中，主要是两种运输范围的问题：国际运输和国内运输。在航空国际货运中，索赔的主要法律依据是华沙体制中的《蒙特利尔公约》和《海牙议定书》；在国内货物运输中，主要是《中华人民共和国民用航空法》和《中国民用航空货物国内运输规则》。

赔偿的规定：

（1）由于承运人的原因造成货物丢失、短缺、变质、污染、损坏，应按照下列规定赔偿：货物没有办理声明价值的，承运人按照实际损失的价值进行赔偿，但赔偿最高限额为毛重每千克 20 美元。已向承运人办理货物声明价值的货物，按声明的价值赔偿；生命价值超过货物实际价值的，按实际价值赔偿。

（2）超过货物运输合同约定期限运达的货物，承运人应当按照运输合同的约定进行赔偿。

（3）托运人或收货人发现货物有丢失、短缺、变质、污染、损坏或延误到达情况，收货人应当场向承运人提出，承运人应当按规定填写运输事故记录并由双方签字或盖章。如有索赔要求，收货人或托运人应当于签发事故记录的次日起，按法定时限向承运人或其代理人提出索赔要求。向承运人提出赔偿要求时应当填写货物索赔单，并随附货运单、运输事故记录和能证明货物内容、价格的凭证或其他有效证明。

（4）超过法定索赔期限收货人或托运人未提出赔偿要求，则视为自动放弃索赔权利。

（5）索赔要求一般在到达站处理。承运人对托运人或收货人提出的赔偿要求，应当在两个月内处理答复。

（6）不属于受理索赔的承运人接到索赔要求时，应当及时将索赔要求转交有关的承运人，并通知索赔人。

本章小结

交通运输是指借助于运输工具，实现人和物在空间上的位移。现代交通运输业运输方式是由铁路运输、水路运输、公路运输、航空运输和管道运输五种基本方式构成。这五种基本运输方式在运载工具、线路设备和运营方式等方面各不相同，并且各有不同的技术经济特征，因而各有其使用的范围。

航空运输也称运输航空、商业航空或公共航空运输，是指使用民用航空器进行经营性的客货运输活动。根据运输对象的不同可分为旅客运输和货物运输。航空运输活动具备天然的国际性，因而产生了许多国际性的政治、经济、安全和技术问题，为了促进这些问题的解决，相继成立了由主权国家、航空承运人、机场、空管部门等构成的国际性组织和协会，在国际航空安全管理中起着极为重要的作用。

复习与思考

一、选择题

1. 怀孕超过（ ）个月的孕妇一般情况下不能乘机。

A. 6　　　　　　B. 7　　　　　　C. 8　　　　　　D. 9

2. 经济舱每位旅客的免费行李额为（ ）kg。

A. 15　　　　　　B. 10　　　　　　C. 5　　　　　　D. 20

3. 国际民用航空组织的英文简称为（ ）。

A. FAA　　　　　B. CAAC　　　　　C. IATA　　　　　D. ICAO

4. "寰宇一家"是（ ）正式成立的国际性航空公司联盟。

A. 1999 年 2 月 1 日　　　　　　　　B. 1999 年 2 月 2 日

C. 1999 年 2 月 3 日　　　　　　　　D. 1999 年 2 月 4 日

5. 上海航空公司与东方航空合并后加入了（ ）航空公司联盟组织。

A. 星空联盟　　　　　　　　　　　　B. 天合联盟

C. 寰宇一家　　　　　　　　　　　　D. 没有加入任何一个

二、判断题

1. 国际航空运输是指航空器跨国领空从事运输客、货、邮的国际航空运输业务。（ ）

2. ACI 是一个非营利组织，它的主要目的是代表机场的共同利益与航空运输业的

其他伙伴展开合作。（　　）

　　3. 航空运输中，儿童旅客的年龄为 2 周岁以下。（　　）

三、简答题

1. 简述交通运输的基本要素。

2. 简述航空运输的定义和分类。

3. 什么是航线？简述航线的分类。

4. 什么是航路？简述航路与航线的区别。

5. 简述航段与航节的区别。

6. 简述航班的定义和分类。

7. 简述重要的国际民用航空组织管理机构及其主要职责。

8. 简述国内民用航空组织管理机构及其主要职责。

9. 简述民航旅客运输的主要内容。

10. 简述航班号的编排原则。

11. 旅客乘机阶段的手续包含哪些内容？

12. 简述民航货运的形式。

13. 简述特种货物的分类。

四、论述题

与公路、铁路、水路等运输方式相比，航空运输所具备的优势和劣势。

第五章

民用机场

本章导航

　　机场是陆空交通网络的衔接点，在航空运输系统中扮演着重要的角色。旅客需要在机场完成陆路交通和空中交通的转换，飞机要在机场完成起飞、着陆、加油、维护、货物装卸等工作。本章主要介绍世界民用机场的发展历史，机场在地方经济发展中的作用，民用机场的构成、运行以及经营管理。

学习目标

知识目标

1. 掌握民用机场的定义和分类
2. 了解机场在地方经济发展中的作用
3. 掌握机场的生产统计指标
4. 了解民用机场的构成
5. 掌握航站楼的水平布局方式
6. 了解航站楼区和地面运输区的构成
7. 了解我国民用机场的运营管理模式
8. 掌握机场组织管理架构和主要职责
9. 掌握机场运行管理的内容
10. 掌握机场的收入和支出

能力目标

1. 具备对机场定义、分类等基础知识的理解能力
2. 具备机场运营管理的基础业务能力
3. 具备将机场相关理论知识应用于工作实践的能力

第一节　民用机场概述

根据《国际民用航空公约》的定义，机场是指在陆地或水面上的一块划定的区域（包括各种建筑物、装备和设备），其全部或部分意图为供飞机着陆、起飞和地面活动之用。旅客需要在机场完成陆路交通和空中交通的转换，飞机要在机场完成起飞、着陆、加油、维护、货物装卸等工作，机场在航空运输系统中扮演着非常重要的角色。

一、民用机场发展的历史概况

民用机场是伴随着航空器的不断改进而产生和发展的。最早的供飞机起飞和降落的地方是草地，一般为圆形草坪，飞机可以在任何角度，借助有利的风向进行起降，草地周围通常设有风向仪和机库；之后使用土质场地，避免草坪产生的较大的阻力，但是，土质场地并不适合潮湿的天气，会泥泞不堪；随着飞机重量的增加，起降要求也随之提高，混凝土跑道出现，任何天气、任何时间都可供飞机起降。

机场的发展历史大致可以分成 3 个阶段。

第一阶段（1910—1919 年）：1910 年，德国出现了第一个真正意义上的机场。这个机场只是一片划定的草地，由几个人来管理飞机的起飞和降落，搭建了简易的帐篷来存放飞机，因为当时的飞机一般是由木材及帆布制成，不能承受风吹雨打，日晒雨淋，这种帐篷便是早期的机库。到 1920 年，飞机还仅供航空爱好者试验飞行或军事目的飞行，机场服务对象只是飞机和飞行人员，基本上不为当地公众服务。这一阶段是机场发展的初始阶段，也被称为"飞行人员的机场"。

第二阶段（1920—1960 年）：1919 年后，随着第一次世界大战的结束，飞行技术得到广泛应用，欧洲有些国家率先开始对机场设计进行初步改进。当年修建完成的巴黎勒布尔热机场和伦敦希思罗机场保证了巴黎至伦敦的定期旅客航班的开通，欧洲开始建立最初的民用航线。1919 年 8 月 25 日，英国第一家民用航空公司——空运和旅游有限公司使用德·哈维兰公司的 D. H. 16 型飞机开通的伦敦至巴黎每日定期航线，是世界上第一条每日定期航线。随着航空运输的发展，机场建设如火如荼，特别是在欧洲和美国，机场建设得到了稳步而快速的发展。1920—1939 年，欧美国家的航线大量开通。如英国开通了到印度和南非的航线，荷兰开通了由阿姆斯特丹到雅加达的航线，美国开通了到南美和亚洲的航线，与之相伴的是机场在世界各地大量出现。同时，随着航空技术的进步，飞机对机场的要求也提高了。机场建设中出现了各种新兴的需求，如航管和通信的要求、跑道强度的要求、一定数量乘客进出机场的要求等。为了满足这些要求，出现了塔台、混凝土跑道和候机楼，现代机场的雏形基本形成。这时的机场主要是为飞机服务，是"飞机的机场"。

第二次世界大战结束以后，国际交往增加，客货运输量随之增长，出现了大型中心机场，也称航空港。1944年国际民航组织成立，成为一个对世界航空运输进行统一管理的机构。20世纪50年代国际民航组织为全世界的机场制定了统一的标准和要求，使全世界的机场建设有了大体统一的标准。

第三阶段（1960年至今）：20世纪50年代末，大型喷气运输飞机投入使用，飞机真正成为大众交通运输工具，航空运输成为地方经济的一个重要的、不可或缺的组成部分。而这种发展也给机场带来了巨大的压力，它要求全世界的机场设施必须提高等级。一方面，先进的飞机性能要求各个机场的飞行区必须改良，不仅涉及跑道、滑行道、停机坪的硬度、宽度和长度的优化，还涉及飞机起降设施性能的提高、空管系统的改进等。另一方面，载重量更大、航程更远的喷气飞机的使用也增加了乘机旅行客流量和航空货运量，原有的候机厅不能满足需要而要重新设计或改扩建，以满足新增加的要求。同时，飞机起降产生的噪声对航空港附近的居民区造成了干扰。机场成为社会的一个部分，因此这个时期的机场是"社会的机场"。机场的建设和管理要同城市的发展协调、统一。

我国在1920年开通了京津航线后，天津和北京就出现了民用机场，随后，全国各大城市陆续建立了机场，开辟了航线。直到1972年引进大型喷气飞机以前，我国航空运输只能为较少人员提供服务。改革开放以来，伴随着我国经济的发展，国家对于民航运输基础设施的投入增加，机场的数量越来越多。据民航局"2019年民航机场生产统计公报"，2019年，我国境内民用航空（颁证）机场共有238个（不含中国香港、澳门和台湾地区）。其中，年旅客吞吐量1 000万人次以上的机场达到39个，完成旅客吞吐量占全部境内机场旅客吞吐量的83.3%。北京首都机场旅客吞吐量超过1亿人次，北京、上海和广州三大城市机场旅客吞吐量占全部境内机场旅客吞吐量的22.4%。

经过多年的建设和发展，我国机场总量初具规模，机场总体布局更加合理，民用机场呈区域化发展趋势，形成了区域性的机场群体。京津冀机场群、长三角机场群、粤港澳大湾区机场群和成渝机场群2019年完成旅客吞吐量均超过了1亿人次，其中长三角机场群完成旅客吞吐量26 557.2万人次，较2018年增长7.0%。

《国务院关于促进民航业发展的若干意见》中关于机场的规划和建设任务：机场特别是运输机场是重要公共基础设施，要按照国家经济社会发展和对外开放总体战略的要求，抓紧完善布局，加大建设力度。机场规划建设既要适度超前，又要量力而行，同时预留好发展空间，做到确保安全、经济适用、节能环保。要按照建设综合交通运输体系的原则，确保机场与其他交通运输方式的有效衔接。着力把北京、上海、广州机场建成功能完善、辐射全球的大型国际航空枢纽，培育昆明、乌鲁木齐等门户机场，增强沈阳、杭州、郑州、武汉、长沙、成都、重庆、西安等大型机场的区域性枢纽功能。新建支线机场，应统筹考虑国防建设和发展通用航空的需要，同时结合实际加快提升既有机场容量。要整合机场资源，加强珠三角、长三角和京津冀等都市密集地区机场功能互补。注重机场配套设施规划与建设，配套完善旅客服务、航空货运集散、油料供应等基础设施，大型机场应规划建设一体化综合交通枢纽。

二、民用机场的分类

民用机场可分为运输机场和通用航空机场。运输机场是用于商业性航空运输的民用机场，也称为航空港（Airport），人们习惯上把运输机场称为民用机场或民航机场。通用航空机场是指主要为通用航空器提供起飞、降落以及飞行保障服务的机场。

运输机场，全称公共航空运输机场，可以按照业务范围、在航空运输网络中的作用、所在地的状况以及乘机旅客的目的等进行划分。

（一）按航线业务范围划分

按航线业务范围划分，运输机场可分为国际机场、国内机场和地区机场。

1. 国际机场

国际机场是指国际航班出入境并设有海关、边防检查（移民检查）、卫生检疫、动植物检疫和商品检验等联检机构的运输机场。

国际机场又分为国际定期航班机场、国际定期航班备降机场和国际不定期航班机场。国际定期航班机场指可安排国际航线运输的定期航班飞行的机场；国际定期航班备降机场指为国际定期航班提供备降的机场；国际不定期航班机场指可安排国际航线不定期航班飞行的机场。

2. 国内机场

国内机场是指仅供国内航班飞机使用的运输机场。

3. 地区机场

地区机场是指特定地区的运输机场，例如我国香港、澳门和台湾地区的运输机场。

（二）按机场在航空运输网络中所起的作用划分

机场是航空运输系统网络的结点，按照其在航线网络中的作用，可以分为枢纽机场、干线机场和支线机场。

1. 枢纽机场

枢纽机场是指国内航线网络、国际航线网络的枢纽，是航空客货集散中心，同时也是国际、国内航线密集的机场。航班从枢纽机场辐射出去，就像车轮的轴心伸出的轮辐一样，充当换乘航班旅客的中转点，旅客在此可以很方便地中转到其他机场。

大型枢纽机场是地区航空运输中心城市的机场，这些中心城市是地区政治行政、文化、经济和科学技术的中心，是地区交通枢纽。大型枢纽机场往往都是大型航空公司的主要运营基地。

2. 干线机场

干线机场通常是指以国内航线为主，航线连接枢纽机场、直辖市和各省会或自治区首府以及中心城市，客运量较为集中，年旅客吞吐量超过百万人次的机场。

3. 支线机场

《民用航空支线机场建设标准》对支线机场的建设规划设计提出了明确的要求。其

89

中，明确了支线机场是指符合下列条件的机场：设计目标年旅客吞吐量小于 50 万人次（含），主要起降短程飞机，规划的直达航程一般在 800～1 500km 范围内。

（三）按机场所在城市的地位、性质划分

依照机场所在城市的性质、地位，并考虑机场在全国航空运输网络中的地位，可将运输机场划分为Ⅰ、Ⅱ、Ⅲ、Ⅳ四类。

1. Ⅰ类机场

Ⅰ类机场是指全国政治、经济、文化中心城市的机场，是全国航空运输网络和国际航线的枢纽，运输业务量特别大，除承担直达客货运输外，还具有中转功能。这类机场大多数是门户枢纽机场。例如：北京首都国际机场、上海浦东国际机场、广州白云国际机场、成都双流国际机场、昆明长水国际机场、西安咸阳国际机场、杭州萧山国际机场等即属于此类机场。

2. Ⅱ类机场

Ⅱ类机场是指省会、自治区首府、直辖市和国家级经济特区、重要对外开放城市和重点旅游城市或经济发达、人口密集的大城市的机场，是区域或省内航空运输的枢纽，开设国际航线。国内大型干线机场一般都属于Ⅱ类机场。我国这类机场较多，例如：深圳宝安国际机场、上海虹桥国际机场、天津滨海国际机场、沈阳桃仙国际机场、大连周水子国际机场、厦门高崎国际机场、三亚凤凰国际机场、宁波栎社国际机场等。

3. Ⅲ类机场

Ⅲ类机场一般是指国内经济发达或比较发达、人口密集的中等城市，或一般的对外开放和旅游城市的机场，能与省会中心城市建立航线。我国一些经济发达、地理位置优越的地级城市的机场都属于此类机场。例如：温州龙湾机场、运城张孝机场、满洲里西郊机场、无锡硕放机场、迪庆香格里拉机场等。

4. Ⅳ类机场

Ⅳ类机场是指吞吐量小、航线少的机场，通常这类机场是指支线机场及直升机机场。在我国，这类机场的数量占到全部机场总数的一半以上，主要是经济发达程度一般、交通结点或具有一定人口规模、旅游资源较丰富的中小城市的机场。例如：秦皇岛北戴河机场、井冈山机场、扬州泰州机场、景德镇罗家机场、安顺黄果树机场等。

（四）按旅客乘机目的划分

根据旅客乘机目的的不同，机场通常可划分为始发/目的地机场、经停（过境）机场、中转（转机）机场三类。

1. 始发/目的地机场

通常这类机场的始发和目的地旅客人数占旅客总数的比例较高。目前大多数的国内运输机场都属于这类机场。

2. 经停（过境）机场

这类机场往往位于航线的经停点上，没有或很少有始发航班飞机，这里所说的经

停一般为技术经停，例如给飞机加油等。飞机在这类机场的停驻时间一般较短。

3. 中转（转机）机场

在这类机场中，有相当大比例的旅客乘飞机到达后，立即转乘其他航线的航班飞往目的地。

运输机场除可按以上四种类别划分外，从安全飞行角度考虑还包括为航班飞机预定着陆机场安排的备降机场。备降机场是指在航班飞行计划中事先规定的，当预定着陆机场不宜着陆时，飞机可前往降落的机场。起飞机场也可以是备降机场，备降机场由民航局事先确定。例如：天津滨海国际机场、石家庄正定国际机场和呼和浩特白塔国际机场等均为北京首都国际机场的备降机场。

三、机场在经济发展中的作用

机场在经济发展中的作用主要表现在以下两个方面：机场对区域经济的影响和机场临空经济。

（一）机场对区域经济的影响

1. 机场能促进当地经济的发展

机场运转产生的客、货运服务，航空配餐，油料消耗，各种供应，以及围绕旅客的各项服务都带来了可观的收益和就业机会。再加上外来的游客和相应行业的发展，可以进一步增强当地政府和外界的交流和对话，为当地经济的发展带来更多的可能性。

2. 航空运输可以增加当地对投资的吸引能力

随着航空运输的发展，工业和服务业开始向发展中国家和一些尚未开发的地区转移，大量资本投向这些地区建厂或设立公司等，这些地区能够吸引投资的关键要素就是是否有便捷的航空运输通道，地方政府有了机场这个门户，就可以吸引更多的投资者。

3. 机场是区域交通体系的重要组成部分

机场是区域陆海空立体交通运输系统中的关键环节，特别是经济全球化的今天，机场俨然成为其所在城市及周边辐射区域通向国内外重要经济中心的重要门户，而是否有大型国际航空港已经成为衡量一个城市或区域交通能力的重要标准。

（二）临空经济

随着国内航空业的不断发展，机场经济开始引起人们的关注，并被形象地称作"临空经济"。临空经济是指以航空运输（人流、物流）为指向的产业在经济发展中将形成具有自我增强机制的聚集效应，不断引致周边产业的调整与趋同，这些产业在机场周边形成经济发展走廊、临空型制造业产业集群，以及各类与航空运输相关的产业的集群，进而形成以临空指向产业为主导、多种产业有机关联的独特经济发展模式。

依据国际上的机场的空间结构模式，可将临空经济区分为四个环形：中心机场环、商业服务环、制造配送环和外围环。

中心机场环：范围在机场周边 1km 内，包括机场的基础设施机构和直接与航空运输业相关的产业，如飞机后勤、旅客服务、航空货运、停车场和航空公司的办事机构。

商业服务环：范围在机场周边 1~5km，主要是商业服务区，为空港运营、航空公司职员和旅客提供相关的商业服务，例如住宅、大型超市、金融机构、生活服务设施等。

制造配送环：范围在机场周边 5~10km，或 15 分钟车程可达范围内，主要是利用机场的交通优势和口岸所发展的高时效性、高附加值的相关产业，如资金和技术密集型的高新技术产业，以及借助机场的区位优势所发展的物流配送。此外，还包括旅游博览、办公会务等第三产业。

外围环：范围在机场周边的 10~15km 内，随着与中心机场距离的加大，所受影响力逐渐减弱，直到中心机场对幅地的影响力消失。在此以外的区域，不受空港的影响。

目前国内典型的临空经济区包括：北京顺义临空经济区、上海虹桥临空经济区、天津临空产业区、郑州航空港实验区等。

四、机场的主要生产指标

机场的主要生产指标包括：旅客吞吐量、货邮吞吐量和飞机起降架次。

（一）旅客吞吐量

机场旅客吞吐量是指报告期内经由航空乘飞机进、出港区范围的旅客数量，是机场行业重要的统计指标。统计单位为：人次、万人次。

2019 年我国机场全年旅客吞吐量超过 13 亿人次，完成 135 162.9 万人次，比 2018 年增长 6.9%。分航线看，国内航线完成 121 227.3 万人次，比 2018 年增长 6.5%（其中内地至香港、澳门和台湾地区航线完成 2 784.8 万人次，比 2018 年减少 3.1%）；国际航线完成 13 935.5 万人次，比 2018 年增长 10.4%。

（二）货邮吞吐量

机场货邮吞吐量是指报告期内经由航空进、出港区范围并经过装卸的货物重量。包括邮件、办理托运手续的行李、货物等，是机场行业重要统计指标。统计单位为：吨、万吨。

2019 年我国机场全年完成货邮吞吐量 1 710.0 万吨，比 2018 年增长 2.1%。分航线看，国内航线完成 1 064.3 万吨，比 2018 年增长 3.3%（其中内地至香港、澳门和台湾地区航线完成 94.5 万吨，比 2018 年减少 4.9%）；国际航线完成 645.7 万吨，比 2018 年增长 0.4%。

（三）飞机起降架次

飞机起降架次是指报告期内航班起飞和降落的次数，统计单位为：架次、万架次。

2019 年我国机场全年完成飞机起降 1 166.0 万架次，比 2018 年增长 5.2%（其中运输架次为 986.8 万架次，比上年增长 5.3%）。分航线看，国内航线完成 1 066.4 万架次，比 2018 年增长 5.0%（其中内地至香港、澳门和台湾地区航线完成 19.6 万架次，比 2018 年减少 0.3%）；国际航线完成 99.6 万架次，比 2018 年增长 6.8%。

第二节 民用机场的构成

机场作为航空运输的基地可以划分为空侧和陆侧两个部分。空侧也称为空区，包括供飞机起飞和降落的终端（进近）空域及供飞机在地面上运行的活动区两部分。活动区主要包括跑道、滑行道、停机坪、飞机维护区以及上述设施的周边区域。陆侧即航站楼区、货运航站楼及其他配套支持设施（例如：机场行政管理设施、公共设施、餐饮设施）、地面通道设施（路边人行道、进出通道、汽车停车场/候车楼、铁路车站等），以及其他位于机场范围之内的非航空设施（例如：酒店、办公楼、购物区等）。机场空侧和陆侧示意如图 5-1 所示。

图 5-1 机场空侧与陆侧分布示意

一、空侧

机场空侧通常会占用机场总占地面积的 80%～95%。机场空侧的几何布局大体上由跑道数量、跑道相对位置及其与航站楼配套设施（陆侧）的相对位置决定。许多大型机场只有一条跑道。

（一）跑道

跑道是陆地机场上划定的长方形区域，供航空器着陆和起飞时用，如图 5-2 所示。

1. 跑道的分类

跑道根据飞行程序的类别分为非仪表跑道和仪表跑道。

非仪表跑道又称目视跑道，装有目视助航设备，供飞机用目视进近程序飞行。这类跑道因没有无线电导航设备引导，驾驶员只能目视地面助航设备操纵飞机进行着陆飞行。如气象条件复杂，地面助航设备无法辨清，就不能保证飞机准确和安全着陆。因此，对这类跑道，飞机只能在简单气象条件下（能见度良好）着陆。

仪表跑道是指供飞机用仪表进近程序飞行的跑道，可分为非精密进近跑道和精密

图 5-2 机场跑道

进近跑道，后者又分为Ⅰ类精密进近跑道、Ⅱ类精密进近跑道和Ⅲ类精密进近跑道。各种仪表跑道均设置相应的仪表着陆系统、目视助航设备及障碍物限制面。

（1）非精密进近跑道：仪表跑道，用相应的目视助航设备和一种非目视助航设备，至少能对直接进近提供方向性指导。

（2）Ⅰ类精密进近跑道：装有仪表着陆系统和目视助航设备的仪表跑道，能提供航空器在决断高度低至 60m 和跑道视程低至 800m 时着陆。

（3）Ⅱ类精密进近跑道：装有仪表着陆系统和目视助航设备的仪表跑道，能提供航空器在决断高度低至 30m 和跑道视程低至 400m 时着陆。

（4）Ⅲ类精密进近跑道：装有能引导航空器至跑道着陆，并沿其表面滑行的仪表着陆系统的仪表跑道。它又根据对目视助航设备的需要程度分为：

Ⅲ类 A：能在跑道视程低至 200m 时着陆，仅用目视助航设备着陆的最终阶段和在跑道上滑行；

Ⅲ类 B：能在跑道视程低至 50m 时着陆，在滑行中使用目视助航设备；

Ⅲ类 C：能不依靠目视助航设备完成着陆和在跑道上滑行。

2. 飞行区等级

飞行区等级常用来指称机场等级。机场飞行区为飞机地面活动及停放提供适应飞机特性要求和保证运行安全的构筑物的统称，包括：跑道及升降带、滑行道、停机坪、地面标志、灯光助航设施及排水系统。飞行区等级并不直接与机场跑道长度宽度等同，而是还与道面强度、道面摩擦力等要素相关。

飞行区等级用两个部分组成的编码来表示：第一部分是数字，表示与飞机性能相适应的跑道性能和障碍物的限制；第二部分是字母，表示飞机的尺寸所要求的跑道和滑行道的宽度。对于跑道来说，飞行区等级的第一个要素是由"飞机基准场长"决定的，即飞机以最大起飞重量，海平面高度的标准大气条件下、无风、水平跑道上起飞所需的最短跑道长度，第二位的字母表示飞行区使用的最大航空器的翼展和主起落架外侧轮距。

国际民用航空组织机场基准代码如表 5-1 所示。

表5-1 国际民用航空组织机场基准代码

代码要素 1		代码要素 2		
代码数字	飞机基准场长（RFL）	代码字母	翼展（WS）	主起落架外侧轮距（OMG）
1	RFL<800m	A	WS<15m	OMG<4.5m
2	800m≤RFL<1 200m	B	15m≤WS<24m	4.5m≤OMG<6m
3	1 200m≤RFL<1 800m	C	24m≤WS<36m	6m≤OMG<9m
4	1 800m≤RFL	D	36m≤WS<52m	9m≤OMG<14m
—	—	E	52m≤WS<65m	9m≤OMG<14m
—	—	F	65m≤WS<80m	14m≤OMG<16m

目前，已投入使用的主要商用飞机机型中，只有空客380和波音747-8能划入ICAO代码F。其他常见机型中，宽体商用飞机通常划入代码E或D：波音747、777和787以及空客330、340系列代码为E，而波音767、MD-11和空客300、310系列的代码为D。窄体商用飞机中，波音757也划入代码D，其他机型包括：波音737家族和空客319、321家族都被划入代码C。目前服役的大多数支线喷气式飞机都被划入代码B或C。此外，大部分通航飞机都属于代码A。

3. 跑道的基本参数

（1）方向和跑道号。

机场至少有一条跑道，有的机场有多条跑道。为了使驾驶员能准确地辨认跑道，每一条跑道都要有一个编号，相当于跑道的名字。跑道号是按跑道的大致方向编的。所谓方向，是驾驶员看过去的方向，即驾驶员驾机起飞或降落时前进的方向。

通常用两位数字标识跑道，以跑道方向的度数（取整到10°）表示跑道的磁方位角（即跑道朝向）。为精确起见，采用360°方位予以表示。以正北为0°，顺时针旋转到正东为90°、正南为180°、正西为270°，再回到正北为360°或0°；每一度又可分为60′；每一分又可分为60″。为了简明易记，跑道编号只用方向度数的百位数和十位数表示，个位按四舍五入进到十位。例如：一条指向为西北284°的跑道，它的编号就是28，如果是285°，编号就是29。同一条跑道，因为有两个朝向，所以就有两个编号。显然，所有跑道两端的标识必然相差18。例如：一条正北正南的跑道，从它的北端向南看，它的编号是18；从南端向北看，它的编号就是36。跑道号都是两位数，如果第一位没有数就用0来表示。例如：咸阳机场跑道的方向是东北—西南方向，指向东北的方向为50°，跑道号就是05，相反方向是230°，跑道号是23，这条跑道就被记为"跑道05//23"。

如果有两条平行的跑道，用字母R表示"右"，字母L表示"左"，以区分两条跑道。如果有三条平行跑道，就再分别冠以L（左）、C（中）、R（右）等英文字母，以示区别。如北京首都机场有两条平行的南北向的跑道，西边的一条的跑道号是18R/36L，东边一条是18L/36R。例如："15L""15C""15R"指三条互相平行，方位角均为150°的跑道。当L、C、R不够用时，可将数字编号+1或者-1以区分，比如美国芝加哥奥黑尔国际机场有 8 条跑道，其中 5 条平行，于是它们的编号为 27L/09R、27R/09L、28R/10L、28C/10C、28L/10R。

跑道号要以宽 3m、长 9m 的数字用明亮的白漆漆在跑道的端头，保证驾驶员在空中可以清楚地看到跑道号，同时明确飞机降落在这条跑道时的方向。

飞机的起降与风向有直接的关系。在逆风中起降可以增加空速，使升力增加，飞机就能在较短的距离完成起降动作。早期的飞机抵抗侧风的能力不够，为了保证飞机能在各种不同的风向下起降，大型机场往往修建两条方向交叉的跑道。现代飞机的增升能力及抗侧风的能力都大大加强了，所以新建的大型机场通常只修建同一方向的平行跑道。这样的安排形式可以节约大量的用地。跑道的方向设计主要是根据当地一年中的主风向（70%的风向）来确定的，这种设计能使飞机在使用该跑道的大部分时间内得到有利的风向。

（2）基本尺寸。

跑道的基本尺寸主要指跑道的长度、宽度和坡度。跑道长度一定程度上决定着可起降飞机的大小和类型，当然，跑道道面的强度（通常用 PCN 值来表示）、跑道宽度和机场海拔高度对此也有影响。需要根据海拔高度、空气稀薄程度、地面温度、发动机功率升降等情况对跑道长度进行修正。跑道宽度取决于飞机的翼展和主起落架的轮距，一般不超过 60m。跑道的纵坡最好为零，实际上机场跑道可以允许有一定的坡度，但对坡度和变坡率有严格规定。在使用有坡度的跑道时，要考虑坡度对跑道性能的影响。

（3）道面和道面强度。

跑道道面按道面构成材料可分为四类：水泥混凝土道面、沥青道面、砂石道面、土道面。

按道面力学特性可分为三类：刚性道面、柔性道面和半刚性道面。

刚性道面包括水泥混凝土道面和钢筋水泥混凝土道面等，这类道面结构的面层强度高、整体性好、刚度大，能把飞机机轮荷载分布到较大的土基面积上，一般中型以上机场都使用刚性道面。

柔性道面包括沥青道面、砂石道面、土道面等。柔性道面在机轮荷载的作用下表现出相当大的形变性，各层材料弯曲抗拉强度均较小，抵抗弯拉变形的能力弱，因此，只能把机轮压力分布到较小的面积上，各层材料主要在受压状态下工作。

半刚性道面是介于刚性和柔性之间的一种道面。这种道面在使用初期变形较大，表现出柔性道面的特征；但其强度和刚度会随着时间的增长而不断地增大，其最终的抗弯拉强度和变形接近于刚性道面，故称之为半刚性道面。柔性道面和半刚性道面可以统称为非刚性道面，一般用于中小型飞机起降的机场。

机场道面承受飞机的机轮荷载、高温高速喷气流以及冷热、干湿、冻融等自然因素的作用，为了保证飞机在任何条件下都能执行飞行任务，机场道面必须具有如下良好的使用性能：一是要有足够的强度和刚度。二是具有良好的平整度。平整度是表征道面表面特性的一个重要指标，是指道面的去向对于理想平面的偏差，它对飞机在滑行中的动力性能、行驶质量和道面承受的动力荷载因子的数值特征起着决定性的作用。

飞机在不平整的道面上行驶会产生附加的振动作用。三是具有良好的抗滑性。机场道面的表面要求平整且具有一定的表面粗糙度，以保证飞机在潮湿状态下起飞或着陆滑行制动时的安全。运输飞机在跑道上着地时的速度可达 200～300km/h，在快速出口滑行道上滑行的速度为 50～100km/h。雨天高速滑行时，由于表面水来不及排走，易在轮胎和道面形成水膜造成飘滑现象。为了保证道面的抗滑性，各国都对机场道面的摩擦系数及表面纹理深度做了具体的规定。根据我国《机场水泥混凝土道面设计规范》规定，道面的表面平均纹理深度，跑道及快速出口滑行道不得小于 0.8mm，其余滑行道及机坪不得小于 0.4mm。

4. 跑道的附属区域

跑道的附属区域包括：跑道道肩、跑道安全带和净空道。

（1）跑道道肩。

跑道道肩是指跑道纵向侧边和相接的土地之间的一段隔离地带，这样一方面可以在飞机因侧风偏离跑道中心线时，不致引起损害；另一方面，现代大型飞机很多采用翼吊布局的发动机，外侧的发动机在飞机运动时有可能伸出跑道，这时发动机的喷气会吹起地面的泥土或砂石，可能会使发动机受损，有了道肩会减少这类事故。有的机场在道肩之外还要放置水泥制的防灼块，防止发动机的喷气流冲击土壤。

跑道道肩一般每侧宽度为 1.5m，道肩的路面要有足够强度，以备在出现事故的时候，使飞机不致遭受结构性损坏。

（2）跑道安全带。

跑道安全带是指在跑道的四周划出的一定的区域，用来保障飞机在意外情况下冲出跑道时的安全，分为侧安全带和道端安全带。

侧安全带是指由跑道中心线向外延伸一定距离的区域，对于大型机场这个距离应不小于 150m。道端安全带是指跑道端至少向外延伸 60m 的区域，在道端安全带中有的跑道还有安全停止道，简称安全道。安全道的宽度不小于跑道，一般和跑道等宽，它由跑道端延伸，长度视机场的需要而定，强度要足以支持飞机中止起飞时的质量。

（3）净空道。

净空道是指跑道端之外的地面和向上延伸的空域。它的宽度为 150m，在跑道中心延长线两侧对称为分布，在这个区域内除了跑道灯之外不能有任何障碍物，但对地面没有要求，可以是地面，也可以是水面。

（二）滑行道

滑行道是机场的重要地面设施，是机场内供飞机滑行的规定通道。滑行道的主要功能是提供从跑道到候机楼区的通道，使已着陆的飞机迅速离开跑道，不与起飞滑跑的飞机相干扰，并尽量避免因延误影响随即到来的飞机着陆。此外，滑行道还提供了飞机由候机楼区进入跑道的通道。滑行道可将功能不同的分区（飞行区、候机楼区、飞机停放区、维修区及供应区）联结起来，使机场最大限度地发挥其容量潜力并提高运行效率。

滑行道的宽度由使用机场的最大的飞机的轮距决定，要保证飞机在滑行道中心线上滑行时，它的主起落轮的外侧距滑行道边线不少于 1.5～4.5m。在滑行道转弯处，它的宽度要根据飞机的性能适当加宽。

滑行道系统主要包括：主滑行道、进出滑行道、飞机机位滑行通道、机坪滑行道、辅助滑行道、滑行道道肩及滑行带。主滑行道又称干线滑行道，是飞机往返于跑道与机坪的主要通道，通常与跑道平行。进出（进口或出口）滑行道又称联络滑行道（俗称联络道），是沿跑道的若干处设计的滑行道，旨在使着陆飞机尽快脱离跑道，出口滑行道大多与跑道正交。

（三）停机坪

停机坪大多指的是在航站楼旁停放飞机的区域，方便乘客登机和运输行李，有时停机坪距离航站楼有一段路程，一般称之为远机位，这时乘客需步行或搭乘登机摆渡车才能登机。此外，飞机可以在机坪上进行货物装卸、加油、维修和长时间停放。停机坪上用漆标出运行线，使飞机可按照一定线路进出滑行道。

（四）飞机维修区

飞机维修区是机场内具备对飞机进行维护修理能力的特定区域。在飞机维修区内，相应于飞机构造的各个部分，分别设有机体结构、动力装置（如发动机等）、飞机附件（如机内设施、零部件、电子设备等）、其他辅助性地面和公用设施的维修车间及器材仓库等。各种维修设施的设置，应根据各机场的维修量及维修范围确定。该区一般布置在距停机坪一定距离的地段内。为了维修的方便，各维修车间均应围绕飞机库布置，在机库门前应修建能停放一定数量飞机的维修坪，并和停机坪、跑道有联络道相连接。各维修车间的布置既要考虑使用上的方便，又要考虑各车间功能的特殊要求，在布局上做统一安排。

（五）机场净空

飞机在机场起飞降落必须按规定的起落航线。机场能否安全有效地运行，与场址内外的地形和人工构筑物密切相关，它们可能使可用的起飞或着陆距离缩短，并使可以进行起降的气象条件的范围受到限制。因此，必须对机场附近沿起降航线一定范围内的空域（即在跑道两端和两侧上空为飞机起飞爬升、降落下滑和目视盘旋需要所规定的空域）提出要求，也就是净空要求，保证飞机在起飞和降落时的低高度飞行时不会有地面的障碍物妨碍导航和飞行。这个区域称为机场净空区或进近区。

二、陆侧

（一）航站楼区

航站楼也称候机楼，是指旅客在乘飞机出发前和抵达后办理各种手续和进行短暂休息等候的场所，是地面交通和空中交通的结合部。

1. 航站楼区的服务设施

航站楼是航空港的主要建筑物，一般分为旅客服务区和管理服务区。

旅客服务区设有候机大厅、办理旅客及行李进出手续的设施、旅客生活服务设施及公共服务设施。办理旅客及行李进出手续的设施有：值机柜台、问讯处、售票窗口、交运行李柜台及行李处理系统、安全检查设施。国际机场还设有海关、边防检查、动植物卫生检疫等柜台。旅客生活服务设施有：休息厅、餐饮厅、娱乐室、商店及残疾人车辆等。公共服务设施有：银行、邮局、书店、出租汽车服务柜台及旅馆预订柜台等。为了旅客行动方便，候机楼还设有自动步道、自动扶梯、进出航班显示系统、手推行李车、廊桥等设施。

管理服务区主要包括机场与有关航空公司的管理机构、行政及业务部门和应急指挥机构。例如：机场行政办公室、后勤的办公和工作场所，包括水电、暖气、空调等；紧急救援设施包括消防、救援设备和场地；航空公司运营区包括运营办公室、签派室和贵宾接待室等；政府机构办公区包括民航主管部门、卫生部门、海关、环保部门、边防检查部门的办公区域。

2. 航站楼的水平布局

航站楼水平布局是否合理，对航站楼运营有至关重要的影响。航站楼的布局形式受旅客运输量、飞机起降架次、航班类型、地面交通等因素影响。

一般来说，航站楼按登机口布局方式可分为前列式、指廊式、卫星厅式和车辆运送式四种基本形式，如图5－3所示。

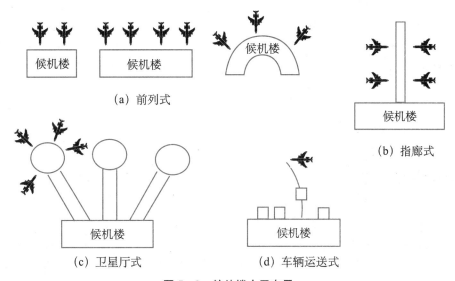

图5－3　航站楼水平布局

（1）前列式：航站楼沿候机楼前沿布置登机口和机位。

（2）指廊式：航站楼由候机楼的主楼朝停机坪的方向伸出一条或几条廊道，沿廊道的两侧布置机位，对正每一机位设登机口。芝加哥奥黑尔、伦敦希思罗、东京羽田等航空港的航站楼即属此种形式。

（3）卫星厅式：航站楼是在主楼之外建一些登机厅，用廊道与主楼连通。登机厅周围布置机位，设相应的登机口。卫星厅和航站楼之间有活动人行通道或定期来往车辆。北京首都国际机场航站楼即采用此种形式。

（4）车辆运送式：也叫远机坪，飞机停放在离航站楼较远的地方，登机旅客由特制的摆渡车送到飞机旁。这种方式的好处是大大减少了建筑费用，并有着不受限制的余地；但问题是停机坪上运行的车辆增加，机场上的服务工作人员增加，旅客登机时间增加。

以上各种形式不是单一、固定的，可以混合采用。综合式航站楼即是采用两到三种形式而建造的航站楼。例如：巴黎奥利航空港南候机楼即属此种形式；北京首都机场客流量增大时，部分航班旅客登机采用远机坪来解决。

3. 停机位置的设施

除远机坪外，在登机的停机位置需要设置一定的设施帮助驾驶员把飞机停放在准确的位置，让登机桥能和机门连接。廊桥是一个活动的走廊，它是可以伸缩的，并且有液压机构调整高度，以适应不同的机型，当飞机停稳后，登机桥和机门相连，旅客就可以通过登记桥直接由航站楼进出飞机。

4. 航站楼的旅客流程

大多数航站楼对进出港旅客采取立体隔离的办法，即将进出港旅客的行动路线分别安排在两个楼层内；对国际和国内旅客，则采取平面隔离的办法，即在同一层楼内，分别设置国际旅客和国内旅客的活动场所。

开设国际航线的机场航站楼旅客流程分为国际出发、国际到达、国内出发、国内到达和中转（国际转国际、国际转国内、国内转国内和国内转国际）等流程。国际旅客要办理护照、检疫等手续，因而出港的国际航班旅客预留办理手续的时间较长。中转旅客是等候衔接航班的旅客，要专门安排转机路线，当国内转国际航班或国际转国内航班的旅客较多时流动路线比较复杂，如果流量较大，机场管理部门就应该适当考虑安排专门的流动线路。

（二）地面运输区

机场是城市的交通中心之一，而且有严格的时间要求，因而从城市进出空港的通道是城市规划的一个重要部分，大型城市为了保证机场交通的通畅都修建了从市区到机场的专用高速公路，甚至还开通地铁和轻轨交通，方便旅客出行。在考虑航空货运时，要把机场到火车站和港口的路线同时考虑在内。此外，地面运输区还要考虑接送旅客的人、机场各部门的工作人员和出租车辆的需求，因此机场还须建有大面积的停车场以及相应的内部通道。

（三）其他位于机场范围之内的非航空设施

其他位于机场范围之内的非航空设施包括：机场酒店、办公楼、购物区等。例如位于海口美兰国际机场的海口航空旅游城作为机场站前综合体，位于美兰机场 T1 航站楼北侧 30 米，项目总占地面积约 11.59 万平方米，总建筑面积约 32.23 万平方米。海口航空旅游城由 A、B 两座建筑连接构成，是集酒店、停车楼、交通枢纽中心、团队值机、免税店、美兰奥特莱斯多种功能于一体的综合性建筑，成为机场站前综合体商业运营新模式。

第三节　民用机场的运营管理

一、我国民用机场运营管理模式

我国民用机场的运营管理模式可以从以下三个角度进行划分：一是从机场运营管理架构角度划分；二是从所有者和管理机构角度划分；三是从机场股权角度划分。

（一）从机场运营管理架构角度划分

1. 省（市、区）机场集团模式

这是一种以省会城市机场为核心机场，以省内其他机场为成员机场的机场集团组织架构，即进行机场属地化管理。其中分为两种情况，第一种是成立了省（区、市）机场管理集团公司或管理公司，并由机场公司统一管理区域内的所有机场，如上海、天津、海南；第二种是成立了省（区、市）机场管理集团公司或机场管理公司，但机场公司只管理区域内部分而不是全部机场，如重庆、广东、四川。

以省为单位将全省的机场统一管理，存在很多优点：一是省政府可以把全省的资源调动起来扶持省内各机场的建设和发展；二是可以从全省的角度统一规划机场布局，统一考虑全省机场的建议，避免各地市各自为政；三是把全省的航空运输和机场的建设统筹考虑，一体化发展，更好地服务于全省的社会经济发展需要；四是能够发挥省机场集团公司的优势，在管理、人员、资金等方面形成规模优势，以大带小，有利于省内小型机场的生存和发展。所以说，省（市、区）机场管理集团最大的优势就在于省内资源的统一。

2. 跨省机场集团模式

这是一种跨越省机场管理集团的运营管理架构，是由几个省的机场管理集团通过资产重组，组建为一个跨省的机场集团。这种模式的代表是首都机场集团和西部机场集团。首都机场集团收购、托管、参股的机场分布于 10 个省（市、区），成员机场达到 35 家，为我国最大的机场集团。西部机场集团目前负责咸阳、银川、西宁 3 个干线机场和陕甘宁青四省区 16 个支线机场和 3 个通用机场的建设和运营管理，管理机场数量和航空业务量分别占民航西北辖区总量的 70% 和 84%，已经发展成为全国第二大跨省区运营的大型机场管理集团。跨省运营的主要目的是在资源配置、航线网络、人力资源等方面发挥超越省内机场集团的更大规模效应。

3. 省会机场公司模式

这是一种在没有以省为单位成立机场管理集团的情况下，省政府只负责管理省会机场，其他机场由所在地市政府管理的模式，如江苏、山东和浙江三省。省会机场由省政府管理模式的优势在于能够调动全省的资源和力量来扶持省会机场的建设和发展。

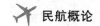

4. 市属机场公司模式

这种模式即机场由所在城市政府管理，如深圳、厦门、无锡、南通、绵阳、南充等城市机场。截止到 2019 年共有 31 家机场由所在城市政府管理。市属机场公司模式下，机场发展的情况和机场所在城市的经济实力密切相关。

5. 航空公司管理模式

航空公司管理模式即由航空公司直接参与或间接参与机场的管理。这种模式的代表为前海航集团。海航集团曾参与管理及合作机场 16 家，主要包括海口美兰国际机场、三亚凤凰国际机场、宜昌三峡机场、潍坊南苑机场、满洲里西郊机场、安庆天柱山机场、唐山三女河机场、营口兰旗机场、琼海博鳌机场、三沙永兴机场、巴中恩阳机场、松原查干湖机场等。另外，如深圳航空公司管理常州奔牛机场、南方航空公司管理南阳姜营机场、厦门航空公司管理武夷山机场。这种机场管理模式有利于小型机场利用航空公司的优势来增加航线航班，培育市场，提高机场的业务量，促进小型机场发展。

6. 委托管理模式

委托管理模式有两种情况，一是内地机场委托内地机场进行管理，如黑龙江机场集团和内蒙古机场集团委托首都机场管理；二是内地机场委托港资管理，目前仅有珠海机场一家采用该模式。

机场被委托有利于委托机场利用受托机场的经营机制和管理优势来提高经营管理水平（包括安全、服务、效率等）。不足之处在于委托管理因受托方往往缺乏主人翁意识，探索、规划所管理机场长远发展战略的积极性不高。

（二）从所有者和管理机构角度划分

1. 中央政府直接管理

机场属地化改革时，国家保留了北京首都国际机场、西藏自治区机场的所有权，分别由中国民用航空局和中国民用航空西藏自治区管理局管理。这种管理模式体现了机场对于国家政治稳定的重要意义，经营管理过程更多反映了国家政府的意志。

2. 地方政府直接管理

地方政府直接管理的大多为中小城市机场，规模较小，但机场在服务地方经济发展和居民出行中发挥着不可或缺的作用。地方政府承担起机场管理的责任，并成立专门的管理部门。

3. 地方政府委托管理

不同地方政府对于机场的管理采取不同的方式，其中委托代理是普遍的方式。这种方式下政府将经营管理权交由三种委托对象：机场集团公司（首都机场集团、西部机场集团等）、机场管理公司和航空运输企业（海南航空、深圳航空等）。

4. 混合所有委托管理

混合所有是伴随市场经济发展我国机场呈现的新特征，尤其是放宽了民用资本进入机场业后，通过上市、引进民资和外资等方式，我国机场实现了投资主体和股权多元化发展，机场的资金来源和发展空间得到了拓展和拓宽。

（三）从机场股权角度划分

从股权角度来看，机场可以划分为中外合资机场和上市机场。例如：西安咸阳国际机场与法兰克福机场和中航（集团）有限公司实现了战略合作；南京禄口国际机场与新加坡樟宜机场签订了合资框架协议，接受国外机场注资成为中外合资机场；厦门高崎国际机场于1996年5月在上海证券交易所上市，成为上市公司。

二、机场管理组织架构和职责

（一）机场管理组织架构

机场是一个大的系统，其主要的功能是保障航班安全、正点和有效率的运行。虽然各机场的组织架构会有所不同，但从机场运营管理部门的业务角度进行划分，各机场基本上可以分成以下五个部分：行政人事、质量安全、航务管理、财务和现场运行管理。

下面以湖北机场集团为例展开介绍。湖北机场集团公司成立于2004年3月，是首都机场集团公司下属的全资子公司。目前下辖"四场一站"，即管理经营武汉天河、恩施许家坪、襄阳刘集、神农架红坪四家机场和宜昌航务管理站。湖北机场集团下辖11个部门和科室：综合办公室、战略发展部、人力资源部、财务管理部、市场营销部、质量安全部与保卫部、规划建设部、审计法务部、党委工作部与宣传部、纪检监察部与纪委办公室、综合督查室。按照业务板块的不同，湖北机场集团又成立了经营机场运营板块的湖北机场管理公司、经营商业经营板块的湖北空港实业发展公司、经营航空物流板块的湖北机场航空物流公司、经营机场建设投资板块的湖北空港产业建设投资公司。湖北机场管理公司组织架构如图5-4所示。

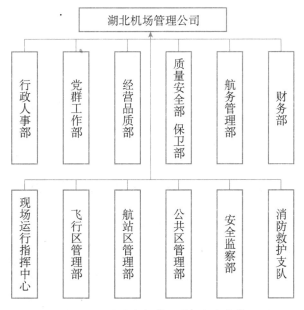

图5-4　湖北机场管理公司组织架构

（二）机场管理机构的主要任务和职责

1. 机场管理机构的主要任务

机场管理机构的主要任务是建设、管理好机场，保障机场安全、正常运行，为所有航空运输企业、通用航空企事业和其他部门的飞行活动提供服务；为旅客提供服务；为驻机场各单位提供工作和生活服务。

机场管理机构必须按照机场所具备的条件，保证各种设施、设备处于正常使用状态。机场管理机构必须保证飞机在机场活动区域内运行的安全正常和效率。根据各航空公司使用机场的情况以及旅客、货物吞吐量的增长情况，不断进行机场的扩建、添置、更新各种设施、设备，提高机场保障服务的功能，以满足航空公司使用和发展的需要，满足旅客不断增长的需要。

2. 机场管理机构的具体职责

（1）机场管理机构应按照中国民航总局颁发的机场使用许可证或对民用航空器开放使用的批准文件规定的范围开放使用。凡经民航局批准的航线和公布的航班时刻，包括民航局批准指定的备降机场，机场必须予以保证。

（2）定期定时检查、维护飞行区的设施（包括跑道、跑道端安全地区、滑行道、停机坪、站坪和助航灯光等目视助航设施、围界设施）；及时清除道面上的橡胶附着物、积水、冰雪；消除有碍安全的隐患；保护机场净空和各类标志、标志物完好，清晰可见；保证飞行区处于良好、正常状态。

（3）负责乘机旅客及飞机运载的行李、货物、邮件的安全检查和飞机监护，防止危及空防安全的物品进入飞机。

（4）管理停机坪。负责飞机机位分配和停放，以及进入停机坪的车辆、设备、人员的管理，维护秩序和安全，防止停机坪阻塞。

（5）管理候机楼，为旅客提供安全、舒适、方便的候机环境和条件。管理、维护候机楼内各种设施、设备，包括照明、动态显示、电视监视、广播、空调、冷暖气、供水系统，以及电子钟、自动门、行李传送带、活动步道、防火装置、紧急出口等设施设备；制订候机楼内的整体布局；确定旅客办理各种乘机手续的流程路线及各种设施设备的位置；管理各种标志；为旅客提供饮水、公用电话、手推车、医疗救护、在机场遗失物品的认领、小件行李寄存保管、问询等服务。

（6）管理机场范围内机动车辆的运行，规定行车路线、速度、停车位置，制定标志；对公用停车场进行管理。

（7）负责环境保护（包括噪声、鸟害、排污等）、公共区域的清洁卫生和垃圾废物的处理以及环境美化。

（8）维护机场治安秩序，保障机场安全。

（9）机场范围内以及指定地点的消防救援；按民航局规定制定和组织实施应急救援计划，并按规定组织定期演练。定期演练要邀请当地政府有关部门、民航局、地区管理局代表观察，提出意见。

（10）提供机场运行的有效资料，按规定上报统计资料和报表。

（11）统一管理和建设机场非营利性质的供水、供电、供气、道路等公用基础设施，通过收费收回投资和维持正常运转。

（12）为驻场单位职工提供合理的有偿生活服务。机场管理机构在履行以上职责时，对某些项目可以采取招标的方式，承包给某一单位经营。但在任何情况下，机场管理机构均应负管理的责任。航空公司可以租赁机场场所承办本公司和代理其他航空公司有关广播、问询、动态显示、飞机到达停机位的指挥等工作。航空公司承办这些工作时，应与机场有明确协议。

三、机场的运行管理

机场运行管理主要包括现场指挥、航班保障、后勤维护和应急救援。

（一）现场指挥

民航体制改革后，根据民航局的要求，机场均成立了机场运行指挥中心、运行管理中心或现场指挥中心等类似的机场现场指挥机构，从业人员称为机场运行指挥员，简称"指挥员"。

现场运行指挥中心（简称"指挥中心"）是一个统筹机场运行全局的管理机构，是机场管理机构现场运行的最高一级调度指挥部门，负责对航空器机场运行保障作业的指挥、协调和监控，负责处理停机位的分配，在一些机场还负责机场的应急救援。除此之外，指挥中心还负责机场范围内所有不正常情况的处理。

1. 机位分配

指挥中心设置计划席，协调空管部门，采集需要保障的航班计划，制作次日保障计划。设置信息席，监控航班计划的实施动态、机位使用情况，并按照优化原则对航班需求和机位资源进行动态匹配；监控气象实况，预报机场建设、施工、保障能力变更等情况，及时对外发布机场开放、关闭以及其他应急信息。

2. 调度指挥

指挥中心设置指挥席，用于调度和指挥地面保障车辆以保障航班，指挥航务部门对跑道进行巡检，指挥灯光部门控制机场灯光等级，同时对运行过程中出现的非正常事件及时采取有效措施，重新组织使其恢复正常。

3. 应急救援指挥

指挥中心设置应急救援席，发生紧急情况时，组织、协调消防、公安、医疗等部门开展应急救援。

（二）航班保障

机场航班保障服务可以分为旅客服务、货物（或货邮）服务以及航空器服务，其中旅客服务比较复杂，可分为进港、离港或出港以及中转服务，同时又要区分国际和国内旅客，这一部分内容详见第四章。本节主要介绍围绕航空器的航班保障服务。

航空器地面保障分为出港、进港、经停服务，涉及的保障项目繁多，且有严格的时间限制，视机型的不同，最小过站时间规定如表5-2所示。

表 5－2　航空器过站时间规定

座位数	过站时间	适用机型
60 座以下	不少于 30 分钟	DHC－8、AN－24、YN－7、SHORTS－360 和 SAAB－340 等
61～200 座	不少于 40 分钟	B737、MD82、B707、BAE146、YK42、FK100、TU154 和 B757－200 等
201～250 座	不少于 50 分钟	B767 和 A310 等
251～300 座	不少于 60 分钟	A300、B747－SP、B747－200 和 B747－400 等
300 座以上	不少于 70 分钟	B747－400P、MD－11 和 IL86 等

　　如图 5－5 所示为航班作业流程图，航班在停机坪停放，有多种服务车辆在进行服务，包括上下旅客、装卸货物和行李、供应食品及其他机上用品，供水、加燃油以及清除垃圾等。这些服务都有一定的时限，这样既可以提高飞机的利用率，也能提高机场的服务效率。

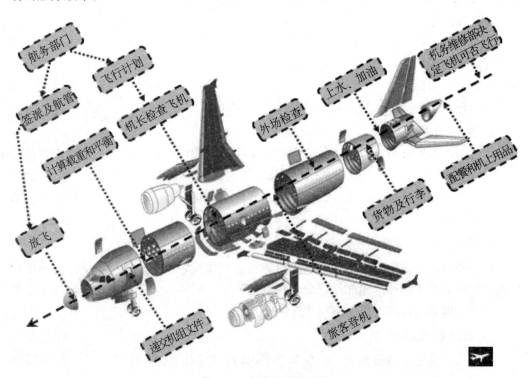

图 5－5　航班作业流程图

　　用于航班保障的地面勤务车辆主要包括：飞机拖车、飞机清水车、飞机加油车、引导车、行李车、电源车、客梯车、货运拖车、货运平台车、传送带车、食品车和清洁车。部分勤务车辆如图 5－6 所示。

（三）后勤维护

　　为确保机场的安全运行，机场管理部门要进行大量的维护检查工作，任何疏忽都

（a）飞机拖车

（b）飞机清水车

（c）飞机加油车

（d）引导车

（e）行李车

图 5-6 部分勤务车辆

有可能导致事故的发生。后勤维护主要包括：机场道面的维护、除雪和铲冰、防止鸟击、建筑物及设施的维修以及车辆维修。

1. 道面的维护

道面包括跑道、滑行道和停机坪的道面，其中最重要的是跑道道面，因为飞机在跑道上运动，任何小的裂缝或隆起都有可能造成爆胎或对起落架的损害，从而引发重大事故。

（1）道面的裂缝和强度。

我国机场跑道大都使用水泥混凝土道面，它是刚性的，承载能力高，但在温度变化时，其膨胀和收缩会引起很大内应力。因而混凝土道面在一定距离上都留有伸缩缝，接缝是其薄弱的地方，需要采用嵌缝料予以填充，以避免道面上的杂物和雨水渗入。否则在车辆和航空器的碾压下容易导致掉边掉角，形成 FOD（可能损伤航空器的某种外来的物质、碎屑或物体）威胁航空器安全，而渗入的水会降低道面地基的稳定性，导致板块断裂。跑道维护人员要定期目视检查跑道的表面，在春季要增加检查次数，及时修补。中型机场也可以采用沥青混凝土道面，这种道面是柔性的，不需要伸缩缝，但这种道面不耐水汽侵蚀，如果道面积水时间较长，就会造成小孔裂缝等，由于道面强度低，飞机的重着陆和暴雨都会使道面上的软材料被带走，造成空洞。虽然沥青道面造价比混凝土低，但其维修次数和费用都要高于混凝土道面。每隔一定时间就需要对跑道的强度和性能进行检测。

（2）道面的摩擦力。

跑道道面的摩擦力会因道面的磨损、积水和污染而变化。

道面磨损可以由及时的修补来解决。薄层积水会使机轮打滑，甚至全部丧失摩擦力，为此，在混凝土道面一定距离要开出5cm左右的槽，并定期（6～8年）打磨，以保持飞机在跑道积水时不会打滑。根据我国民航道面施工标准，通常刻槽的宽度和深度都为6mm，间距32mm。还有一种方法就是在刚性道面上加盖高性能多孔摩擦系数高的沥青，既可减少飞机在落地时的震动，又能保证有一定的摩擦力。

跑道污染主要是油漆、废物和轮胎上的橡胶颗粒黏附造成的，其中最主要的是橡胶黏附。飞机降落时制动摩擦会产生大量的热量，使轮胎的橡胶颗粒黏附在道面上，大大降低了道面的摩擦系数。清除这种污染也比较费力，目前采用的方法主要包括：高压水冲洗、化学溶剂溶解、高速机械刷除、超声波清洗。其中高压水冲洗这种方式较为常见，但须确保水压在300大气压以上而且只能在5℃以上的气温中进行。

2. 除雪和铲冰

中高纬度地区的机场，除雪和铲冰是保证机场正常运行的重要工作。除雪的方法分为两种：机械除雪和化学除雪。其中化学方法成本高且见效较慢，大多数机场使用的是机械方法除雪。除雪机械有吹雪机、铲雪车和扫雪车，如图5-7所示。

（a）吹雪机　　　　　　　（b）铲雪车　　　　　　（c）扫雪车

图5-7　除雪机械

铲雪车前方有一个巨大的雪铲，铲的下缘由硬橡胶制成，以防损坏道面以及与道面齐平的灯罩，它可以清除很厚的雪层。吹雪机有一个强力的吹风机，它可以吹掉雪堆和积雪。扫雪车可用来清除不厚的积雪，也可以用来扫除地面的砂石。在积雪较厚的情况下，通常是三种车辆连续作业，铲雪车在前除去厚雪，吹雪机在后，把铲雪车堆在旁边的雪吹到远离跑道的地方，最后由扫雪车把道面打扫干净。

跑道结冰对飞机来说比积雪更危险，但除冰有时比除雪还难，在扫雪车不能将冰扫走时，一般用晒沙子的方法，一方面增加跑道的摩擦力，同时也加快了冰融化的速度。更先进的办法是晒加热的沙子，使沙粒嵌入冰层。有些地区用喷洒酒精或乙二醇的方法除冰。应急情况下用喷气发动机喷出的热气流除冰也极为有效，但是噪声太大，成本较高。

3. 防止鸟击

飞机起飞和降落过程是最容易发生鸟击的阶段，超过90%的鸟击发生在机场和机场附近空域，50%发生在低于30m的空域，仅有1%发生在超过760m的高空。由于飞机飞行速度快，与飞鸟发生碰撞后常造成极大的破坏，严重时会造成飞机的坠毁，目前鸟击是威胁航空安全的重要因素之一。在中国由于鸟击原因造成的事故征候也已占事故征候总数的1/3。

防治鸟击对航空安全起着非常重要的作用，防治的主要思路是减少鸟类活动与飞行器起降的重叠。鸟击防治包括被动的防治和主动的防治两种方法。

被动的鸟击防治主要是观察鸟情。在机场建设之初就需要对所在地的生态环境做出评估，尽量避免在鸟类栖息地和迁徙补给地附近建设机场；机场塔台和空中交通管制部门须随时观测机场地面和机场上空的鸟类活动状况，遇到大量鸟类聚集和活动时，及时关闭跑道、停止飞机起降、要求飞机拉升高度，从而减少发生鸟击的概率。

主动的鸟击防治主要是驱赶鸟类离开机场空域，驱赶的方式主要是恐吓、破坏栖息环境和迁移栖息地。恐吓是最简单和最直接的驱赶鸟类方式，比较流行的有煤气炮、录音驱鸟等方法。破坏栖息环境是另一种避免鸟击的方式，妥善处理机场及附近社区产生的生活垃圾，投放鼠药和捕鼠器，选择本地鸟类不喜欢的草种树种进行机场的绿化，及时处理机场草坪令鸟类无法藏身，清理机场附近的湿地、树林等适宜鸟类栖息的环境，以及使用鸟类抵触但对环境没有影响的化学制剂，都会令鸟类放弃机场及附近地区作为栖息地从而减少在机场附近的活动，降低发生鸟击的概率。迁移栖息地是比较困难的方式，在远离机场的区域针对造成机场鸟击事故的主要鸟种建立有针对性的保护区，建设栖息地，吸引机场附近的鸟类。在上海，九段沙湿地保护区的建立就成功地吸引了原本栖息在浦东国际机场附近栖息的鸟类，减少了该机场的鸟击事故发生率。

4. 建筑物及设施的维修

为保障机场安全高效的运行，需要按照生产计划对航站楼和其他建筑以及其中的设施进行定期的维护和修理，例如自助值机设施、安检设施等。

5. 车辆维修

机场使用的大量普通车辆和特种车辆都需要进行定期的维护和修理。特种车辆维修是机场特有的问题，车辆维修部门的任务除了车辆维护、修理以外，还包括制订采购计划、更新车辆，并和车辆生产商或经销商取得联系，以便得到他们的支援和服务。

（四）应急救援

机场应急救援工作主要包括航空器紧急事件和非航空器紧急事件两大类。航空器紧急事件包括航空器失事、航空器空中故障、航空器受到非法干扰（包括劫持、爆炸物威胁）、航空器与航空器相撞、航空器与障碍物相撞以及涉及航空器的其他紧急事件。非航空器紧急事件包括对机场设施的爆炸物威胁、建筑物失火、危险物品污染、自然灾害、医学紧急情况和不涉及航空器的其他紧急事件。

应急救援是指突发事件发生后，通过事先计划和应急措施，充分利用一切可能的力量，迅速控制事态的发展，保护现场人员和场外人员的安全，将突发事件对人员、财产和环境造成的损失降低至最低程度。建立完善的机场应急救援体系是机场应急救援工作的关键。应急救援预案的内容一般包括明确突发事件的类型和应急救援的等级。

1. 突发事件的类型和应急救援的等级

航空器紧急事件的应急救援等级分为以下三级：

（1）紧急出动：已发生航空器坠毁、爆炸、起火、严重破坏等紧急事件，各援救单位应当按指令立即行动，以最快速度赶赴事故现场。

（2）集结待命：航空器在空中发生故障，随时有可能发生航空器坠毁、爆炸、起火、严重破坏或者航空器受到非法干扰等紧急事件，各援救单位应当按指令在指定地点集结。

（3）原地待命：航空器在空中发生故障等紧急事件，并且其故障对航空器安全着陆可能造成困难，各援救单位应当做好紧急出动的准备。

2. 应急救援组织体系

一般机场应急救援组织体系如图5-8所示。

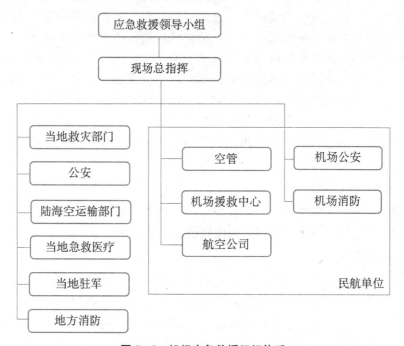

图5-8　机场应急救援组织体系

应急救援应当坚持"先避险、后抢险，先救人、再救物，先救灾、再恢复"的原则开展工作。当突发事件发生时，应急救援领导机构应当根据有关法律、法规、规章和应急救援预案的规定，启动相应级别的应急处置程序，调动人力、物力和技术等资源，有效控制、减轻或消除突发事件的负面影响。

救援的反应时间对于救援的效果有着决定性影响，例如要求消防车从发出救援和消防的最初呼救至第一辆应答车或几辆车到位，并按规定喷射率的至少50％比率释放泡沫之间的时间，在理想的能见度和地表条件下，应该在2分钟内，不超过3分钟。

对于大型机场的消防，国际民航组织制定了推荐标准，如果达不到这个标准，就不能取得机场使用许可。机场消防队使用的车辆有：轻型救火车、重型救火车和快速救火救援车。

快速救火救援车时速很高，发生事故时能第一个到达现场，装有1 000L浓缩泡沫灭火溶液和急救药物等。它的任务是把指挥人员和第一批急救/救火人员带到现场，控制火势，保持撤离道路畅通，对要紧急转移和处理的伤员进行处理和安排，然后等待救火土力队伍到达。

轻型救火车：装有数百千克二氧化碳和灭火干粉，对于发动机和电器着火最为有效。

重型救火车：装有成吨的泡沫灭火剂和水，对控制大面积火势和灭火有效。

四、机场的财务管理

（一）机场的收入和支出

1. 机场的收入

管理大型机场的运营商收入的绝大部分来自多种多样的航空和非航空的使用费及其他费用。航空使用费（航空性收入）是直接与飞机、机上旅客以及货物处理相关的服务及设施的使用费；非航空使用费（非航空性收入）是附加（或称为"增值"）服务、设施和设备的使用费。

航空使用费主要类型包括：

（1）飞机运营商因使用机场（跑道和滑行道）起飞和着陆需支付的起降费。

（2）航站楼区域导航费：因在机场上空及其附近空域使用空中交通管理服务而收取的费用；通常属于着陆费的一部分，在某些国家会单独收取。

（3）停机坪或机库使用费：使用客舱廊桥或远机位停放的费用，使用机库的费用（如发生）；许多机场还对过夜飞机额外收费。

（4）机场噪声费：某些机场（目前大部分欧洲机场）单独收取该费用，用于支付噪声监控系统及降噪措施的成本。

（5）各种旅客服务费：目的是覆盖在航站楼内与旅客服务直接相关的成本。

（6）货物服务费：某些机场用这部分费用来覆盖部分或全部的货物处理设施设备与服务成本。

（7）为机场内（部分或全部）航空安保设施和服务所支付的安保费。

（8）与飞机服务、旅客及其行李处理相关的地面处置费。地面处置费通常可细分为：停机坪处置费，即在停机坪上提供服务的费用，如飞机装货和卸货、行李处理和分类、飞机清洁、旅客到停机坪的接送、飞机除冰等；客流处理费，即处理旅客（值机、出票、登机等）和行李以及提供信息服务、准备各种处理文件等的费用。

地面处理服务可通过四种不同方式提供：由机场运营商提供；由航空公司自行提供（"自处理"）；由一家航空公司向另一家航空公司提供；由取得运营许可证、并获得机场授权的专业公司（地面运营商）提供。如果由机场运营商提供地面处理服务，则可直接向其所服务的航空公司收费。如由第三方（由一家航空公司向另一家航空公司，或由专业公司）提供服务，机场运营商向服务提供者收取许可证费或按一定比例收取处理费。自行处理的航空公司通常无须支付该费用。

（9）航空燃料或航油特许经营费，从获得授权在机场向航空公司或飞机运营商提供燃料与航油的供应商处收取，或直接向航空公司或飞机运营商收取。在后一种情况下，机场运营商可从外部采购航油，并零售给最终用户，然后在航油售价中分摊这部分成本。

除了上述各项收费，通常还要再收取一部分费用以覆盖在机场的政府服务（如护照查验、海关、卫生检验检疫）成本。当然，这部分费用不归机场运营商所有。

非航空使用费的范围非常广泛，而且这个收费范围还在不断扩大，其中包括：免税店和零售商店、酒吧和餐馆、银行和货币兑换处以及其他需要由机场提供场地的业务支付给机场运营商的特许经营费；短期和长期停车费；机场土地、建筑内部空间、广告位和各种设备的租赁费用；机场运营商向机场用户提供的工程技术服务以及有偿公共服务而收取的费用。另一类非航空收益则来自越来越被机场运营商（大部分在欧洲和亚洲）所认可和接受的"机场外服务"。机场运营商正在承担大量机场外活动，这类商业活动包括：向其他机场提供咨询服务；提供教育和培训服务；与其他机场签订代运营合同；尝试在机场以外投资房地产；在各类机场私有化的大环境下中，对其他机场进行股权投资。

过去的30年里，机场收入领域最重要的发展趋势就是非航空性收益占机场总收益的比例越来越高。目前，全球多数大型机场的非航空收入与航空收入比例基本持平。

2. 机场的支出

机场的支出因机场规模大小、地理位置和管理体制不同差别较大。例如：政府直属机场的消防、警卫是由政府支出的，南方的机场无须支付除雪和除冰的费用。机场支出大体仍可以分为经营性支出和非经营性支出两类。非经营性费用主要是负债利息和折旧，以及其他一些杂项费用。

经营性支出主要包括四个部分：

（1）飞行场地支出：跑道、滑行道、停机坪的维护，照明、服务车辆、救火设施的使用和维护。

（2）航站楼的支出：航站楼各种设施和建筑物的维护、停车场的维护、航站楼的供电、供水、供热，废物的处理，航站楼的环境美化和绿化。

（3）机库、货运设施等建筑和机场的地面支出：机场环境保护和美化、机库等建筑的维护、机场进出道路的维护、各种管道（上、下水，供热，供油）设施的维护。

（4）经常性管理费用：行政人员、后勤人员的工资及其他管理费用。

（二）机场的财务管理运行方式

机场具有公共服务性质，同时机场建设的初始投资很大，因此在机场财务运营上一般都需要政府的参与和补贴。根据补贴来源的不同，机场财务管理方法分为以下四种：

1. 政府管理补贴

计划经济国家和一些发展中国家大多采用这种形式，我国在体制改革以前也采用这种形式，机场从建设投资起到随后的运行都由政府负责。财务上的亏空都由政府补足，盈余则上缴政府，这种做法的好处是机场不承担任何财务风险。在机场运量不足和经济基础薄弱时，这种方法是必要的，但它的经营效益不高，不能对市场迅速反应，造成资源配置不合理。

2. 航空公司补贴

这种方法也叫净成本法，国外一些大型机场采用这种方法。机场和使用它的主要航空公司签订长期协议，在每年的结算中如果出现赤字由签约的航空公司补平，如果出现盈余，则在下一年对航空公司收费中给予回报。这种方法把机场的财务风险转变为与航空公司共同承担，与此同时，航空公司也增加了对机场发展的控制权，航空公司可以审核机场的财务计划，对相关方案有同意和否决权。

这种方法的优点是将机场的经营和发展与航空运输紧密连在一起，而且有利于机场的稳定运行，不必担心财务上的风险；缺点是机场的独立发展常常受到制约，机场经营的灵活性受到影响。

3. 独立核算补贴

这种方法也称为补给法。使用这种方式的机场自己承担财务风险，独立核算，对航空公司的收费可以在政府规定的一定范围内浮动，如果机场亏损，就可以调整各项对航空公司的收费来补足，如果盈余就可以积累资金，扩大规模，参与竞争。这种方式的好处是机场可以独立决定是否参与竞争和发展，但经营的风险较大，一旦破产，将会退回到由政府接管的方式。

在西方国家，过去只有中小机场采用这种方式，近年来由于空运市场的强劲发展，越来越多的大型机场采用这种方式，有些原来采用航空公司补贴方式的机场也把原来签署的长期协议改为一年以内的短期协议向这种方式过渡，我国大部分机场都采用类似的运行方式。

4. 纯企业运行方式

这种方式目前只有在英国的私有化机场中实行。采用这种方式的机场除受到国家民航当局的条例约束外，一般运作和其他企业没有什么不同，完全按市场经济的规则运行，无论从集资还是经营方向上自由度都增加了，同时也使竞争变得激烈起来，由于纯企业的运行往往会忽视公众服务和利益，这种方式的运作还有待进一步的实践来检验。

(三) 机场融资项目

机场建设是一个投资巨大的综合性工程项目，当需要进行大规模基础设施建设或改建项目时，融资就成为机场所有者和运营商最关心的问题。机场资本投资可以采用多种方式筹集资金，从国家政府的补贴到由机场运营商发行和偿还的收益债券等。机场融资方式大致可以分为以下几个大类：

(1) 政府补贴。这是目前世界上在建机场的主要资金来源，一般来说，大型或特大型机场都需要中央政府的投资。在我国，大型机场建设的中央投资超过50%，其他部分由地方政府投资或发行政府债券，征收机场建设费或建设税来解决。国外机场的中央投资要低一些，大部分由地方政府来筹集，如美国的特大型机场，联邦政府的投资在20%左右，中小型机场的投资一般由地方政府筹集。

(2) 征收特殊用途的税，如美国将"旅客设施费（PFC）"放在机票票价中收取。

也有许多国家采用的是在机票中征收类似的税费，目的也是支持机场的建设与发展。例如我国旅客购买机票时需要同时支付的机场建设费。

（3）由国家或国际开发/发展银行提供的低息贷款，如世界银行或欧洲投资银行。

（4）对机场运营商挣取的利润做部分截留。

（5）由商业银行或其他资金源以金融市场利率提供的贷款。

（6）发行政府公债，以发行该债券的政府实体（国家、地区或地方政府）的完全征税权作为担保，假如能证实机场收入不足以履行对债券持有人的义务，则无关纳税人必须弥补欠款缺口。

（7）由机场管理方直接发行的收益债券，且作为唯一责任人以机场收入履行对债券持有人的义务。

（8）发行专项收益债券，基于特定机场项目（如新建航站楼）的收入偿还债券，这类债券通常由机场管理方联合其他投资方共同发行。

（9）通过出让机场收入或租赁权等特定权利获取私人融资，通常用在单个设施（如汽车停车库、旅客候机楼）或者成套设施的建设、运营以及转让（BOT）合同中。

每种情况下可供使用的融资方式取决于机场特征以及国家法规、经济政策及措施。举例来说，雅典国际机场于 2001 年 3 月投入使用，共投资 24 亿美元（以 1996 年价格计算）。该项目投资中约 30％的资金来自希腊政府、欧盟以及机场税的政府补贴；47％是欧洲投资银行的低息贷款；6％来自机场股东投资；17％是商业利率的贷款。

五、机场的公共关系

机场作为城市和社区的一个部分，有着公用的性质，但它同时又是一个企业，又有商业经营的性质。机场拥有土地，有众多的经济活动，因而大的机场犹如一个小型城镇，这使得机场和社会联系具有一定的特殊性。

（一）机场和航空公司的关系

对于航空公司来说，机场是其整个航线网上的一点，航空公司航班的运行需要机场提供一定的设施和服务。机场提供的设施和服务要能够适应不同规模、不同机型以及不同航线的要求。

对于机场来说，航空公司是它的主要用户，是机场收入的主要来源，因而经营机场就要有必要的设备、基础设施、人员和守则规章来满足航空公司的要求。机场的地位通常是由所在地区的经济发展水平所决定的。经济发展水平较高、有一定资源或者产业优势的地区，机场航空公司更加青睐。

（二）机场和租用机场土地的服务行业的关系

机场区域内有大批的服务性企业，如酒店、餐馆、商店、出租车公司、停车场等，机场在向这些企业收取租金的同时也要进行管理，这些企业的服务对机场的声誉有很大影响。部分机场实行出让经营权的方法来管理这些企业，即这些企业的收入都上缴机场，机场给这些经营者以经营费和一定的提成，这种方式有利于机场对这些企业经营上的管理。

（三）机场和使用公众的关系

机场的使用公众包括机场区的居民、工作人员以及来往的公众。机场管理者除了要维护好秩序、保持环境之外，还要处理在机场区内发生的各种事故和财产损害。对于可预见的事故或者财产损害，机场要有明确的规定和应急预案。

（四）机场和邻近地区的关系

机场和临近地区的主要问题是噪声问题和土地使用问题。

1. 噪声问题

繁忙的机场对周围区域有很强的噪声污染，特别是处在飞机起飞和下滑航道下的区域，受到噪声的影响更为严重。

有的国家对飞机制定了明确的噪声标准，作为解决问题的措施之一。对于机场来说，可以采取一定的措施降低噪声，例如：

（1）对起飞和降落程序实行一定的限制，如使航道避开特定的噪声敏感区或加速爬升、缩小噪声影响区。

（2）建设噪声防护墙或防护林，建造防噪声的建筑物。

（3）实行宵禁，在夜间关闭跑道，防止扰民。

（4）对噪声大的飞机加收起降费。

（5）征用噪声敏感区的土地，由机场安排使用。

2. 土地使用问题

机场在投入使用后会逐渐形成一个繁荣的居民区，而随着城市的发展，原来处于城市郊区的机场又会被城市包围起来，这样机场内容和周围的土地就会增值，从而吸引更多的投资者进入这个地区开发和投资。随之就出现了障碍物（建筑）进入机场空域、噪声敏感区的居民增多、机场交通拥挤等一系列问题。当机场用地无法得到保障时，机场容量达到饱和，机场被迫搬迁的情况也是比较常见的。

本章小结

本章主要介绍了民用机场的定义、发展历史、在地方经济中的作用、分类等基础知识。通过本章的学习，读者应了解和熟悉民用机场的构成、设施和设备、民用机场的收入和支出、民用机场经营管理的相关业务知识。民用机场是航空运输系统重要的组成部分，同时为航空公司和旅客、货主等对象提供服务。

复习与思考

一、选择题

1. 从跑道进近方向看，跑道中线一端磁方向为37°，则该跑道号码为（　　）。

A. 03 和 21　　　　B. 04 和 22　　　　C. 04 和 14　　　　D. 03 和 13

2. 机场飞行区等级为4E，第一部分数字"4"表示（　　）。

A. 飞行场地长度　　B. 翼展　　　　　C. 跑道方向　　　　D. 轮距宽度

3. 下列航线中，属于国际航线的是（　　　）。

A. PEK-URC　　　　B. SHA-CTU　　　　C. CAN-HGH　　　　D. PVG-ATL

4. 仪表着陆系统的英文简写是（　　　）。

A. FAA　　　　　　B. ICAO　　　　　　C. APU　　　　　　D. ILS

二、判断题

1. 机场飞行区等级的第一部分是数字，表示所需要的飞行场地长度。（　　　）

2. 机场设有专门值机柜台供重要旅客办理乘机手续。（　　　）

3. 海口到三亚属于干线。（　　　）

4. 1910 年美国出现了第一个机场。（　　　）

三、简答题

1. 简述机场对区域经济发展的影响。

2. 简述机场的分类。

3. 机场的主要生产指标包含哪些？

4. 机场的空侧和陆侧是如何划分的？它们各自包括哪些区域？

5. 飞行区等级是如何划分的？

6. 简述跑道号的编排方法。

7. 简述我国民用机场的运营管理模式并举例。

8. 简述机场管理机构的主要任务。

9. 航班地面保障涉及哪些工作？

10. 机场的收入和支出都包括哪些项目？

11. 简述机场的财务管理运行方式。

12. 简述机场的公共关系。

四、论述题

机场成为枢纽机场应该具备什么样的条件？

第六章
航空公司

本章导航

航空公司即航空承运人，是航班的组织者和运营者。航空公司通过对航班的组织与运营将旅客、货主和飞机有机组合到一起。旅客客票收入和货物托运费用是民航运输业最主要的收入来源。本章主要介绍我国航空公司的发展现状、组织架构、发展规划、经营管理以及航空公司对航班的组织和运营。

学习目标

知识目标

1. 掌握航空公司的定义和分类
2. 了解我国航空公司的发展现状
3. 掌握航空公司的组织结构和各部门职责
4. 掌握航空公司发展战略的内容
5. 掌握航空运输经营指标分析方法
6. 了解产品定价与收益管理内容
7. 掌握航空公司成本的构成
8. 了解航班组织涉及的航空公司部门
9. 掌握航班机组的工作内容

能力目标

1. 具备对航空公司运营管理基础知识的理解能力
2. 具备经营管理航空公司基础业务的能力
3. 具备将理论知识应用于工作的实践能力

第一节 航空公司概述

直接从事航空运输生产或航空作业活动的企业有两类：一类是航空运输企业；另一类是通用航空企业。其中最主要的是航空运输企业，即我们通常所说的航空公司，其使用航空器从事客货运输生产经营活动，经营收入是民航运输业生产经营收入的主要来源。通用航空企业则是从事非运输的各类飞行作业活动的通用航空公司。

一、航空公司的定义和分类

航空公司是指以营利为目的，使用民用航空器为运输工具，以空中运输的方式为旅客和货物提供运输服务的企业组织，是航空运输系统的核心要素之一。

航空公司按照不同的分类依据可以划分为以下几类：

（1）按公司规模的大小可分为大型航空公司和小型航空公司。两者并没有严格的界限，一般来说，大型航空公司机队规模大，可拥有数百架飞机，运营的航线多。

（2）按运输范围可分为国际航空公司和国内航空公司。国内航空公司只运营国内航线；国际航空公司不仅运营国内航线，也运营国际航线。

（3）按运输对象的不同可分为客运航空公司、货运航空公司、客货运混合航空公司（即混合承运人）。

（4）按航空公司经营理念的不同可分为传统型航空公司和低成本航空公司。传统型航空公司又称全服务型航空公司；低成本航空公司是以降低经营成本为目的，也称为廉价航空公司。

（5）按主营航线性质的不同可分为干线航空公司和支线航空公司。

实际上，航空公司的分类并没有严格的标准，不同国家对航空公司的分类各不相同，随着全球航空运输业的发展，航空公司的分类界限也变得越来越模糊。

二、我国航空公司的发展现状

截止到 2019 年底，我国共有运输航空公司 62 家，比 2018 年净增 2 家，按所有制类别划分：国有控股公司 48 家，民营和民营控股公司 14 家。在全部运输航空公司中，全货运航空公司 9 家，中外合资航空公司 10 家，上市公司 8 家。2019 年，民航全行业运输飞机期末在册架数 3 818 架，比 2018 年增加 179 架。定期航班国内通航城市 234 个（不含香港、澳门和台湾）。我国航空公司国际定期航班通航 65 个国家和地区的 167 个城市，内地航空公司定期航班从 30 个内地城市通航香港，从 19 个内地城市通航澳门，大陆航空公司从 49 个大陆城市通航台湾地区。

（一）中国国际航空公司

中国国际航空股份有限公司（Air China），简称"国航"，两字代码 CA，于 1988 年在北京正式成立，是中国唯一载国旗飞行的民用航空公司。国航是中国航空集团公司控股的航空运输主业公司，与中国东方航空股份有限公司和中国南方航空股份有限公司合称中国三大航空公司。国航的企业标识由一只艺术化的凤凰和邓小平同志书写的"中国国际航空公司"以及英文"AIR CHINA"构成，如图 6 - 1 所示。

图 6 - 1　中国国际航空公司标识

国航主要经营国际、国内定期和不定期航空客、货、邮和行李运输；国内、国际公务飞行业务；飞机执管业务，航空器维修业务；航空公司间的代理业务；与主营业务有关的地面服务和航空快递（信件和信件性质的物品除外）；机上免税品等。国航总部设在北京，辖有西南、浙江、重庆、内蒙古、天津等分公司和上海基地、华南基地以及工程技术分公司、公务机分公司，控股北京飞机维修工程有限公司、中国国际货运航空有限公司、北京航空食品公司。国航还参股深圳航空公司、国泰航空公司等企业，是山东航空公司的最大股东，控股澳门航空有限公司。国航以北京首都国际机场为主基地，构建了以北京、成都、上海和深圳为节点的菱形网络结构，持续打造北京超级枢纽、成都国际枢纽、上海和深圳国际门户，深入推进全球化网络布局，为旅客提供高品质的产品和服务。

截至 2019 年 6 月 30 日，国航（含控股公司）共拥有以波音、空中客车为主的各型飞机 676 架，平均机龄 6.81 年；经营客运航线已达 766 条，其中国内航线 605 条，国际航线 132 条，地区航线 29 条。公司通航国家及地区 41 个，通航城市 190 个，其中国内 120 个，国际 67 个，地区 3 个。公司还积极开展国际化合作，36 家合作伙伴为公司提供每周 15 436 班次代码共享航班；通过与星空联盟成员合作，将服务进一步拓展到全球 193 个国家和地区的 1 317 个目的地。

（二）前海南航空公司

前海南航空股份有限公司（Hainan Airlines），简称"海航"，于 1993 年成立，两字代码 HU，曾是中国发展最快、最有活力的航空公司之一，致力于为旅客提供全方位无缝隙的航空服务。

海航是中国四大航空公司之一，拥有以波音 787、波音 737 系列、空中客车 A350 系列和空中客车 A330 系列为主的年轻豪华机队，适用于客运和货运飞行。海航共运营飞机 229 架，其中主力机型为波音 737 - 800 型客机，宽体客机 73 架。主运营基地：海口美兰国际机场、北京首都国际机场。

2020 年 7 月，海航入选 2020 年《财富》中国 500 强第 141 位，可惜的是，现启动破产重组程序。

（三）春秋航空公司

春秋航空（Spring Airlines）股份有限公司，简称"春秋航空"，两字代码 9C，是我国首个民营资本独资经营的低成本航空公司，也是首家由旅行社起家的低成本航空公司。春秋航空总部在上海，在上海虹桥机场、上海浦东机场、石家庄正定机场、沈阳桃仙机场、扬州泰州机场设有基地。春秋航空自 2004 年 5 月 26 日得到当时的中国民航总局（现交通部中国民用航空局）批准后开始筹建，由春秋旅行社创办，注册资本8 000 万元人民币，约一年后成功开航。首航班机于 2005 年 7 月 18 日上午由上海虹桥机场起飞前往山东烟台。创立之初，只有 3 架租赁的空客 A320 飞机，经营国内航空客货运输业务和旅游客运包机运输业务。春秋航空平均上座率达到 95.4%，成为国内民航最高客座率的航空公司。截止到 2019 年底，春秋航空机队规模达到 100 架，机型主要以空客 A320 为主，在飞航线共 210 条，其中国内航线 128 条，国际航线 69 条，港澳台航线 13 条。2019 年春秋航空完成运输总周转量 36 亿吨公里，同比增长 14.5%；完成旅客周转量 396.91 亿人公里，同比增长 14.4%；运输旅客 2 239.3 万人次，同比增长 14.7%；客座率为 90.8%，同比提升 1.8 个百分点；实现营业收入 148.03 亿元，同比增长 12.9%。

三、航空公司的组织结构

航空公司组织管理模式主要围绕"航班生产和运营"来进行组织设计。通常情况下，航空公司的组织机构由五大系统构成：飞行运行系统（包括飞行部、运行控制中心、航空安全管理部、飞行技术管理部、培训部、运行质量管理部等）、市场销售系统（包括市场销售部、网络收益部、区域营销部、结算部、对外合作部等）、机务工程系统（包括机务工程部、航材供应部等）、服务保障系统（包括地面服务部、客舱服务部等）和保障支持系统（包括规划发展部、人力资源部、财务部、企业管理部、综合保障部、信息技术中心等职能管理部门）。各主要职能部门的职责如下：

（一）飞行部

飞行部职责主要包括：

（1）根据公司整体航班计划，负责统一调配机组人员，落实公司下达的生产计划和航班计划及经济责任目标。

（2）负责公司飞行安全和飞行技术训练管理工作，落实公司年度飞行训练、模拟机训练计划和飞行安全教育工作。

（3）公司国内外航线的开航、新进和翻修飞机及验收试飞中的飞行技术训练工作。

（4）参与事故征候、飞行差错等不安全事故的调查和处理工作，以及重大飞行事故的调查。

（5）指导相关部门制定处置劫机、炸机预案，负责专机安全工作。

（二）运行控制中心

运行控制中心（Airline Operational Control，AOC）是航空公司的指挥核心，是保证航空公司运行安全的中枢，采用先进的运行生产管理模式。AOC实现了航空公司的资源整合，各分、子公司、各类业务信息都集中到AOC系统，包括飞行签派、机务维修、地面保障、机组调配、载重平衡、食品配餐、物流运送等，以此实现对公司内部的信息整合，对运行航班的统一调度指挥和集中管理，使生产运作流程更加合理、有效，提高了整体运行效率。

运行控制中心的职责主要包括：

（1）负责公司航行事务管理和飞机性能管理工作；掌握公司和分公司航班飞行动态；负责日常飞行和生产运行中的现场计划、组织、指挥、控制、协调和基地签派业务工作。

（2）负责公司新开辟航线和不定期航班的申办工作，参加新机型引进的审查、新航线试飞验收，办理公司飞机试航、开航、转场和进出境等有关事宜。

（3）负责组织制定和实施公司飞行签派、航行情报、通信、气象、性能等方面的发展规划，制定和完善航务方面的规章制度。

（4）检查落实公司进出港航班各项保障工作的执行情况，及时协调解决影响航班安全、正常运行的有关问题，组织对地面事故的调查处理工作。

（5）检查专机任务的组织工作及检查督促有关部门的保障工作。

（6）负责飞机载重平衡数据的计算和审定，制定公司燃油政策。

（三）航空安全管理部

航空安全管理部的职责主要包括：

（1）制定公司航空安全管理的各项标准及规章制度，并督促检查落实。

（2）组织公司或参加政府组织的航空安全评估和检查工作。

（3）负责事故征候、飞行、客舱、航空地面严重差错等安全事故的调查和处理工作，参与重大飞行事故的调查。

（4）负责公司航空安全教育工作。

（5）制定公司航空安全奖惩办法。

（6）参与承办专机安全工作。

（四）飞行技术管理部

飞行技术管理部的职责主要包括：

（1）制定公司飞行技术管理的各项标准及规章制度，并督促检查落实。

（2）负责制定公司各机型、飞行程序、技术标准和训练大纲，检查、监督训练工作的落实情况并进行技术把关。

（3）负责飞行改装和复飞的审批手续，监督检查飞行人员复训计划的落实情况。

（4）公司飞行安全技术资料的信息管理。

（5）负责与相关部门协调落实飞行员的培训计划、机队的引进及飞行员与机队匹配工作。

（6）对飞行操作技术进行监控。

（五）市场销售部

市场销售部的职责主要包括：

（1）收集、整理、分析市场情报与客户信息，研究、制定客运市场国内发展战略和经营策略。

（2）组织实施营销系统内的服务质量检查，受理营销责任范围内的客户投诉，贯彻落实公司的服务提升计划，组织协调本系统的服务管理工作。

（3）监控品牌授权使用范围和使用形式，丰富品牌内涵，策划市场活动提升品牌形象；分析目标客户群的特征，组织实施跨部门、全流程的产品设计、开发和改进。

（4）制定媒体合作计划及预算方案，根据产品特性，选择合适的推广方式、广告媒介，组织实施市场推广活动，监督、评估广告制作质量和投放效果。

（5）制定、实施常旅客发展计划和服务规范，监督、检查和指导常旅客服务工作；研究、制定销售战略和实施销售战略的方式；制定销售政策，参与制定销售价格，跟踪、验证使用效果。

（6）统一管理、组织和领导客运销售工作；制定、实施销售渠道发展规划和大客户发展计划。

（7）分解、调整生产指标。对指标完成情况实施监督与考核；提出编排航班计划、收益控制的意见和建议。

（六）网络收益部

网络收益部的职责主要包括：

（1）制定航线网络规划和枢纽规划，统一调配管理公司运力资源；编制、落实中长期航班计划，调整并实施中短期航班计划，对外发布航班信息。

（2）申请、协调航班时刻，申请国际航班落地许可和国际加班、包机的国内航路；负责包机业务、承包航线的洽谈及合同的签订、实施；协调处理生产运营中商务系统与运行控制中心等部门的相关工作；利用收益管理系统调配舱位和座位实现航班收益最大化。

（3）分析收益管理系统各项数据，评估系统的使用情况，预测航线经营效益；根据公司统一的信息管理规划，具体负责商务系统各计算机系统及网络的运行维护，以及信息平台、应用软件的开发及推广使用。

（4）负责与运价有关的协议的谈判、签署、发布，评估运价和协议使用效果。

（七）区域营销部

区域营销部的职责主要包括：

（1）根据公司销售策略，研究、制定区域销售策略；承担公司下达的区域销售指标任务，负责在区域内分解并监督检查任务落实情况。

（2）提出区域产品/服务的需求；按公司统一标准使用、推广产品资源；提出产品和服务的改进需求。

（3）协调并统一管理区域销售政策和价格；协调运力、客货源，使之相匹配；跟踪各地指标进度，对区域内的销售指标进行内部调整。

（4）指导、制订区域内大客户的拓展、服务计划，具体实施客户拓展计划；多渠道了解当地竞争对手的动态，为总部销售提供市场信息，实现现有客户的深入开发与潜在客户开发。

（5）协调区域内航空客货运市场营销资源，组织、实施区域内市场营销活动；根据公司渠道发展政策，拓展区域销售渠道并负责渠道维护和管理。

（6）根据公司的服务标准，负责区域内客户服务、业务咨询等工作；负责公司大客户在区域内的维护和保障。

（7）负责区域内长期运价的制定，报公司批准后统一协调区域内的运价；区域内的中短途运价由各营销点直接对公司总部协调。

（八）结算部

结算部的职责主要包括：

（1）贯彻执行国家的财政方针、政策、法规、准则和各项财务制度，制定公司运输收入、销售收入和综合服务费的管理办法及结算规章制度。

（2）负责公司国内、国际航线的客货邮运输收入结算及对外开账和接受联运开账的审核、清算工作；负责公司各直属销售单位及销售代理人的销售报告审核及结算。

（3）负责结算和清算公司的各项综合服务费；负责公司销售资金的管理和客户的信用管理。

（4）编制公司销售收入、航线运输收入会计报表及经营成果统计表；负责结算业务协议的签订；负责公司与国际、国内航空运输组织间的相关业务联系。

（5）参与公司与国内外其他航空运输企业间销售代理、联运协议、地面服务、联营、包座协议的业务谈判；参与信用卡结算协议、运价及特殊比例分摊协议的谈判及制定。

（九）机务工程部

机务工程部的职责主要包括：

（1）根据民航局关于机务维修的法规规章、条例命令、函件和指令，负责机务维修管理工作，制定关于机务维修的方针、政策、标准和程序，并监督各相关单位的执行情况。

（2）制定机队维修方案/工程技术标准、工程设计方案；实时监控飞机发动机状况；及时提供工程技术支援；制定公司航空器及机载设备的维修方案，严格执行适航指令，保证航空器的持续适航性。

（3）协调外站维修工作，组织外站抢修，审核批准外站排故方案；参与重大、疑难故障研究和事故调查工作。

（4）负责公司机务维修代理、送修厂家及航材供应商的评估和选择工作，根据授权代表公司签订航线维修代理、航空器验收、备件联营、航空器及机载设备送修等协议或合同；负责协议或合同履行情况的监督检查工作。

（5）监督和审核批准公司所有航空器及其机载设备的各类维修工作，组织实施飞机、发动机的监修、监造和新机验收工作。

（6）负责航材设备管理工作，制定航材设备管理的政策和程序，制订航材订货和控制送修计划；负责飞机、发动机及零部件索赔工作以及剩余航材和报废航材的处理工作。

（7）承办公司航空器注册和注销工作，办理航空器"三证"、航线维修许可证，管理和控制单机档案，组织飞机年检；负责制定维修可靠性方案，进行可靠性管理工作；参与公司飞机引进工作，负责公司航空器的技术选型及机载设备的选装。

（十）地面服务部

地面服务部的职责主要包括：

（1）负责运输系统内航班生产的调度、协调、指挥，提供地面服务；负责办理出港旅客的乘机手续，引导旅客登机。

（2）进出港行李的分拣、装卸、查询、赔偿及货物、邮件外场运输押运及装卸；各航空公司的航班载重平衡；营运系统的电报和航班动态传递。

（3）根据公司业务划分权限和管理范围，负责与其他相关企业之间具体运输服务业务的谈判。

（4）制定公司运输服务业务规章制度和运输业务手册；协调公司各国内营业部、驻外办事处与总公司之间的业务关系。

（5）新飞机投产前商务资料的准备工作，以及有关业务资料订购、分发和保管工作；为进出港飞机提供各种车辆服务及客舱清洁服务。

（十一）客舱服务部

客舱服务部的职责主要包括：

（1）制定公司客舱服务标准、管理规章，并组织监督、检查、考核工作。

（2）负责公司客舱服务管理工作和部分分公司客舱服务执行工作。

（3）公司正班、加班、专包机航班空中服务的组织与实施以及客舱服务工作。

（4）制订乘务员、客舱服务人员的培训计划，检查、督促培训计划的落实；公司乘务检查员的管理。

（5）专机服务工作的组织和执行；飞机客舱的空防安全具体管理工作，制定实施空防预案。

（十二）其他职能管理部门

为了协调各部门的工作，航空公司还设立若干职能管理部门，统一行使某种职能。常见的职能管理部门有：规划发展部，负责研究、制定公司的发展战略，公司中长期机队发展规划和生产发展规划；编制公司的投资计划，组织公司重大投资项目（方案）的可行性论证。财务部，负责整个公司营运所需资金的筹集、分配、监督、管理及会计核算，管理公司的财务收入与支出，办理融资租赁、保险、税务业务。人力资源部，负责执行公司的各项人事分配政策和劳动保护政策，为各个岗位选择和安排适当人员，制定职工培训计划，组织职工培训等。信息技术中心，负责公司计算机和通信系统的软件、硬件、网络的统一管理和维护工作，管理规章制度的制定工作等。

四、货运航空公司

国际上把货运航空公司主要分为三类：第一类是传统的混合承运人，这类航空公司既经营客运业务，也经营货运业务；第二类是全货运航空公司，这类公司专业经营定期货运航班和包机业务，典型的代表是卢森堡货运航空公司；第三类是一体化承运人，这类承运人与第一类和第二类不同，他们提供门到门的一站式服务，提供限时的保障服务，这类承运人在航空货运业异军突起，典型的代表是美国的联邦快递公司和联合包裹公司。

随着航空运输业的发展，传统的混合承运人开始把货运业务剥离出去，成立全资或者控股的独立货运航空公司。这些新成立的货运航空公司有自己的员工、飞行员和全货机，不仅经营定期的货运航班，同时向母公司购买和经营母公司客机腹舱业务。如德国汉莎航空公司成立的汉莎货运，新加坡航空公司成立的新航货运，以及我国成立的中国国际货运航空有限公司和东航成立的中国货运航空有限公司就是这类新型货运航空公司的代表。

（一）中国国际货运航空有限公司

中国国际货运航空有限公司（Air China Cargo），简称"国货航"，由中国国际航空股份有限公司、中信泰富有限公司、首都机场集团公司共同投资组建，其前身是中国国际航空公司货运分公司，总部设在北京，以上海为货机主运营基地，是中国唯一载有国旗飞行的货运航空公司。2011年3月18日，中国国际航空与香港国泰航空以中国国际货运航空为平台完成货运合资项目。

截至2015年1月，国货航以北京、上海为枢纽，先后开通了从上海始发通往欧洲法兰克福、阿姆斯特丹，美国纽约、芝加哥、洛杉矶、达拉斯，日本东京、大阪以及我国台北、成都、重庆、天津、郑州、南京、长春、沈阳等国际、国内和地区的货机航班。同时，依托国航的全球航线网络，国货航在全球的空运航线达到332条，全球通航点达到166个。

（二）顺丰航空有限公司

顺丰航空有限公司（简称"顺丰航空"）成立于2009年，是顺丰控股旗下货运航空品牌，总部位于广东深圳，另设杭州、北京两大航空基地协同运行，致力为顺丰提供安全高效的快件空运服务与定制化航空物流解决方案。顺丰航空是顺丰快递业务核心竞争力的重要保证，也是其品牌的有力延伸。

顺丰航空拥有以波音747、767、757、737机型组成的全货机机队，自开航以来，机队规模始终保持平稳增长。截至2020年7月，投入运行的全货机数量已达60架。顺丰航空是目前国内运营全货机数量最多的货运航空公司之一。

第二节　航空公司的运营与管理

航空公司的主要运营活动是围绕航空公司发展战略、航班飞行、市场销售、地面运输服务、收益管理、成本管理等开展的，其运营与管理的环节包括：航空公司战略规划、中长期规划、人力资源规划、运价与收益管理、产品营销与电子商务、成本

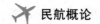

管理。

一、航空公司战略规划

航空公司战略规划对航空公司的发展起到引领的作用，决定着企业发展方向和目标。航空公司战略规划主要包括航线网络、机队规划、基础设施建设和资源配置等内容。其中航线网络规划决定企业航线布局方式、辐射能力和开拓的市场领域；机队规划则是确定与航线网络相匹配的机型种类和数量。航线网络布局和机队是航空公司最重要的经营要素，是航空公司运营的基础，同时也是企业基础设施和资源配置的基础。

航空公司战略规划的基础是对于现有民用客货运市场的分析，在对市场的认识和预测的基础上，结合企业自身情况完成战略规划的各项内容。

（一）民航客货运市场分析

航空公司的航线网络规划要建立在民航客货运市场的数据基础之上。影响民航客货运市场的主要因素包括：国家宏观经济环境、国家政策、居民收入以及其他运输方式的发展等。

1. 国民经济的发展速度

据相关统计数据表明，航空运输业的发展速度与国家经济发展速度密切相关。一般来说，航空运输发展速度是经济发展速度的 1.5～2 倍。2015—2019 年，中国民航旅客运输量从 2015 年的 4.36 亿人次增加到 2019 年的 6.60 亿人次，同比增长率分别为 11.3%、11.9%、13.0%、10.9% 和 7.9%。

随着我国经济的发展，中国航空货运市场货邮运输量同样不断增长。2015—2019 年，中国民航全行业完成货邮运输量从 2015 年的 629.3 万吨增加到 2019 年的 753.1 万吨，同比增长率分别为 5.9%、6.2%、5.7%、4.6% 和 2.0%。

2. 居民收入和结构

人均生产总值从宏观上反映了居民收入的状态。据相关资料统计，当人均生产总值超过 1 000 美元时，居民开始在自费旅行中更多地选择民航运输。居民结构指居民的就业情况、从事行业的分布情况、年龄构成等，这些因素往往和居民收入直接相关，对一个地区的空运市场有着很大的影响。

3. 国家政策

计划经济时代，国家对空运市场的政策对于行业的发展有着决定性的影响，如票价规定、政策倾斜、税收减免等。随着市场机制的健全，国家对民航放松航空管制以来，对空运市场的影响相对减小，但在关系到行业发展、地区平衡、航线布局和合理竞争等方面，国家政策仍然对市场有着重要影响。

4. 旅游业发展

旅游业发展对于航空运输发展起到了促进作用，航空旅游市场是民航客运市场的重要组成部分。我国作为一个旅游资源大国，旅游资源非常丰富，航空公司开辟新的航线或者开拓新的航空市场时要充分考虑当地旅游业的发展状况。

5．技术发展

民用航空系统的组织与技术的进步对航空运输的发展有着重要影响，其中空中交通管制的改善，机场和航路拥挤情况的缓解，都会促使运力大增，加速航空运输的发展。

6．与其他运输方式的竞争态势

航空运输与其他运输方式共同构成我国的运输体系，各自具有各自的优势，既相互配合又相互竞争。例如 2009 年 12 月正式运行的武广客运专线，使该航段客源大量流失，各航空公司停飞或减少了武汉—长沙—广州的航班。随着高铁技术的发展，部分航空公司逐步探索和实施了空铁联运。2020 年 8 月 25 日，中国东方航空集团有限公司携手中国国家铁路集团有限公司正式宣布，东方航空 APP 和铁路 12306APP 全面实现系统对接，"空铁联运"产品正式上线。旅客可通过任一方的 APP 一站式购买东航、上航航班与高铁车次的组合联运客票，这不仅标志着两家企业自有销售平台实现了"互为第一次"的接口对接，更是开创了中国民航和高铁销售平台全国首次实现互联互通，开启了铁路车次、航班信息的数据共享，"飞机＋高铁"的组合出行模式愈发便捷。

（二）航空公司发展战略

航空公司发展战略是指航空公司根据对市场的分析和自身的条件，对企业在市场中所处的位置有明确的了解，制定企业的发展方向和目标，具体包括：安全目标、盈利目标、服务水平、机队建设、航线网络建设、企业社会形象等内容。

1．战略定位

航空公司战略定位包含了航空公司对自身发展的愿景，结合现有的竞争环境和运营特点，可以根据发展规模、经营重点，按照国内和国际市场，市场占比情况从以下几个角度对公司战略进行定位：低成本航空公司、全服务型航空公司和针对某些特定市场的地区航空公司。航空公司在战略定位上要体现出航空公司对企业发展规模和竞争优势的思考。

2．市场定位

航空公司市场定位具有重大的战略意义，清晰的市场定位有利于航空公司核心竞争力的塑造，同时也可以有效避免与现有市场份额发生同质化的竞争。例如：上海吉祥航空公司以 HVC 高价值航空承运人战略定位为指导，致力于成为高价值航空企业的卓越代表，发展为国际化现代服务业百年企业。春秋航空公司目前主要服务对象为个人出行的旅客，公司投入大量的人力和物力在安全和准点方面。此外，航空公司为旅客提供了更多的选择，包括餐食、行李、座位及其他服务品种。

3．产品定位

根据运输行业性质，航空公司可以选择的产品包括客运、货运或者其他类特殊产品（租赁、包机等）。根据市场环境和政策环境，航空公司的产品定位可以分为以下几种：客运为主，货运为辅；以货运为主；以客运为主的多元化的模式（旅游、地产等）；以货运为主的物流产业链模式（仓储、转运、外贸等）。

二、航空公司中长期规划

航空公司制定了发展战略后，就要充分、有效地规划企业内部资源，使各种资源既能支持战略定位，又能合理配比。航空公司核心资源包括：航线网络资源、机队资源和人力资源，三者紧密联系，相互制约，直接影响航空公司的成本、效益和发展愿景。

（一）航线网络规划

航线网络规划是根据航空公司战略发展：市场定位、目标顾客、产品组合和联盟策略，优化运力资源，形成网络效应，满足市场需求基础，实现效益最大化。航线网络规划的本质是航空公司对企业未来航线网络结构、布局和规模的战略性思考。它是航空公司制定未来航线航班决策、明确经营方向的不可或缺的一种规划方式，其目的是寻求如何进行市场机会与企业自愿的有效匹配。在航线网络结构明确的基础上，航空公司才能进一步制定机队、市场营销、人力资源、财务管理等方面的战略规划。

1. 航线网络建设的原则

航线网络规划是一项系统性的工作，在进行航线选择时，需要从全局出发，兼顾各条航线的互补性和增益性，使整个航线网络的效益最大化。当航空公司的航线网络形成一定规模时，通过各条航线的中转联程等服务，可以有效地发挥航线网络的规模经济和范围经济。

2. 航线网络结构模式的选择

根据航线网络模式演变的过程和形成的特征，目前主要的航线网络模式为枢纽航线网络和城市对航线网络。

枢纽航线网络是指以人口多、交通发达、经济繁荣、客货流量大的城市（机场）为中心，通过与其他大中城市（机场）之间建立运输干线，大中城市（机场）与附近的中心城市（机场）建立运输支线，形成航空运输网络。

在设计枢纽航线网络时，航空公司特别要注意以下七个因素：

（1）枢纽机场的地理位置。一般来说，沿海机场和地处内陆中心的机场是枢纽机场的有力竞选者，例如北京、上海和广州的机场。幅员辽阔的大国的内陆中心机场可能发展成为国内枢纽，例如武汉、西安、成都等城市的机场都有这种优势。

（2）当地的经济文化。当地的经济文化越发达，旅客需求就越多，地方政府支持就越有力，枢纽机场建设就越可行。美国的拉斯维加斯能成为航空枢纽，就是因为它特有的旅游经济文化。

（3）市场需求。市场需求小的机场，只能作为支线机场考虑，需求大到一定程度时，才可以作为枢纽航空港来设计。

（4）机场条件。航空公司要重点考察机场的跑道容量、登机口的分配、空域结构和时隙的分配等因素。

（5）航空公司实力。航空公司的实力包括有形部分和无形部分。无形部分包括公司的服务水平、安全记录、联盟伙伴形象、自身的信誉度等；有形部分包括公司的机队、登机口、航班时刻、人力资源等。只有具有足够资源的航空公司才有可能建设枢纽航线网络。

（6）政府管制状况。航线网络的构建受政府管制影响较大，若没有实现航空自由化，则航线市场的进入需要政府相关部门的批准。

（7）客货运输流向。运输流向决定了枢纽机场的定位，位于大流量 O－D 对之间的中心机场可能成为枢纽机场。

城市对航线网络是指各组成航线都是从各城市自身的需求出发，建立的城市与城市两点间的直达航线。城市对航线网络的主要优点体现在当不计成本时是实现旅客运输最理想的方式，直达航线也即点对点直运最能体现航空运输快捷的特点，最大限度地节约旅客的在途时间。该种方式又可以延伸出线性结构、环形结构，可以实现两个机场直连，还可通过加入中间点的方式进行桥连。例如可以采用点对点与中心辐射相结合的"蛛网形"复合式航线网络结构，所有航线并非需要通过一个中心点进行连接，而是由多个中心点（基地机场）各自组成的小网络加上这些中心点之间的高密度航班连接而成。

航空公司在进行航线网络结构选择的时候要充分考虑到企业战略定位、市场规模、飞机利用成本、旅客时间价值和企业现有的市场资源等要素，设计企业自身需要的航线网络。

3．航线选择

航线是航线网络模式构成的要素，航空公司根据确定的航线网络模式，有计划、有步骤地开辟航线，形成枢纽机场，最终打造出有利于企业发展的航线网络结构。

航线的选择或者开辟应考虑的因素包括：航空客货运市场的增长预期、竞争状况、时刻资源获取难易程度、公司总体基地布局等。

首先考虑航线客流量和客座率的增长情况。对各条航线历史数据的观测与分析是航空公司进行航线选择的首要步骤，客流量与客座率持续增加的航线是航空公司优先考虑的对象。

其次是航线对航空公司收益的影响，这主要受以下几个因素约束：市场份额，航空公司在各条航线上客流量占整个民航市场中各条航线客流量的比重以及其变化值；各条航线的客座率与总体客座率的比值；航线客公里收益。

最后是执行该条航线的航班频率。航班频率的确定需要结合航空公司航线网络布局和政府对于该条航线航班时刻的政策。从整体上而言，较高频率的航班对于旅客的吸引力要更大一些，因为航班频率大，为旅客提供的选择就更多。

（二）机队规划

机队规划是航空公司在运输市场分析和航线网络规划的基础上，依据一定的原则和方法，对规划期内机队的规模和结构做出系统的动态安排，为了实现企业资产最大化而购置和管理适当飞机运力的过程。机队规划可分为宏观机队规划和微观机队规划。宏观机队规划由民用航空局对全国的民用航空机群进行统一规划；微观机队规划由航空运输企业对本企业的机队进行规划。宏观机队规划对微观机队规划具有指导作用，微观机队规划有助于宏观机队规划的完成。

1. 机队规划内容

航空公司机队战略规划的主要内容包括：

（1）机队规模，即航空公司规划期内的飞机数量，应与航空公司的航线网络规划和市场布局相适应。

（2）机队结构，即航空公司规划期内飞机的构成情况，主要包括客货机比例，不同飞机制造商、不同机型的比例，不同座位级别飞机的比例，不同航程飞机的比例等。

（3）飞机选型，即选择飞机制造商、确定机型、发动机型号、客舱布局和机载设备。

（4）飞机引进和退出时间，即考虑航空运输市场行情和飞机引进及退出的综合成本，确定最佳的新飞机订购和交付时间以及老旧飞机退租和处置的时间。

2. 机队规划影响因素

航空公司机队规划的影响因素主要包括：

（1）航空公司的运营环境：政治法律、经济技术、社会文化、自然地理等宏观环境和航空法规、适航规章、飞机引进政策、飞机进口税费、机场设施、空中交通管制措施以及航空公司之间的竞争因素等行业环境。

（2）航空公司的战略定位和内部资源。

（3）航空运输市场需求。

（4）飞机供应商市场。

（5）飞机技术指标。

（6）飞机引进、运营和处置成本。

（三）长期航班计划编制

航班计划是规定正班飞行的航线、机型、班次和班期时刻的计划，是航空公司一切生产活动的基础和核心。

（1）航线，即航空公司开展运营的路线，包括起点、终点、经停点等要素。航线资源是航空公司的核心资源，航空公司要想在某条航线上开展运营，应当首先取得航线的运营权。

（2）航班，包括航线、航班号、航班的出发时刻和到达时刻等要素。

（3）班次，即航班频率，指航空公司一天中在同一条航线上有多少个航班。

（4）班期，指某一航班在一周中的哪几天执行，同时与机组排班相配合。

（5）机型，指该航班所使用的飞机型号，不同机型有不同的飞行性能（如航程、升限、最大起飞重量、爬升能力等），因此不是所有的机型都能用来执行某一航线。另外，不同机型对应不同的座位布局，运营成本也不相同。

航班计划的制定是航空公司市场计划的部分，其目标在于最大限度地扩大公司在航空运输市场中所占的份额，增加销售收入，其依据主要是对客货销售额的统计分析以及对航空市场供需情况发展的预测。

三、人力资源规划

人力资源规划的实质就是解决人力资源的需求问题和供给问题，使供给和需求达到平衡。想要做好人力资源规划，首先必须了解企业的发展目标以及对适应企业发展目标的人员的数量以及质量水平的要求。

在完成航线网络规划和机队规划之后，要制订与之匹配的人力资源，以保证航空公司的运行安全。特别是企业核心人力资源：飞行人员、签派人员和机务人员等的质量和数量。

四、运价与收益管理

（一）航空运输经营指标分析

航空公司是以盈利为目的而成立的企业，因而其经营管理的首要目标是高效率和高收益。衡量指标主要包括数量指标、质量指标和成本效益指标。

1. 数量指标：运输量和运输周转量

（1）运输量是指运输企业在一定时期内使用运输工具运送的旅客和货物的数量，是运输生产的产量指标。根据运输对象的不同分为客运量和货运量，计量单位分别是"人次"和"吨"。例如：2019 年，全民航行业完成旅客运输量 65 993.42 万人次，完成货邮运输量 753.14 万吨。

（2）运输周转量是全面反映运量和运输距离的运输生产产量指标，分为旅客周转量、货邮周转量和运输总周转量（也称换算周转量）。

旅客周转量是一定时期内，运输企业实际运送的旅客人数和其运输距离的乘积，单位是人公里或客公里。例如，2019 年全民航行业完成旅客周转量 11 705.30 亿人公里。

货邮周转量是一定时期内，运输企业实际运送的货物吨数和其运输距离的乘积，单位是吨公里。例如，2019 年全民航行业完成货邮周转量 263.20 亿吨公里。

（3）运输总周转量是将旅客周转量和货邮周转量折合成同一计量单位的周转量，以吨公里计，它是全面反映和考核运输部门完成客货运输任务的一个综合性生产指标，用于计算运输成本和劳动生产率。我国一般按每人 75 千克计算，1 客公里折算成 0.075 吨公里。国际民航组织的换算标准与我国不同，每位旅客按 90 千克计算（包括手提行李和托运行李），1 客公里等于 0.09 吨公里，不再计算行李周转量。例如：2019 年全民航行业完成运输总周转量 1 293.25 亿吨公里。

$$运输总周转量（吨公里）＝旅客周转量（吨公里）＋货邮周转量（吨公里）$$

$$(6-1)$$

2. 质量指标：客座利用率、飞机载运率和飞机利用率

（1）航班客座利用率是指航空器承运的旅客数量与航空器可提供的座位数之比，它反映了航空器座位的利用程度，是体现航班效益和空运企业经济效益的重要指标。

对于某个具体航班，客座利用率的计算公式如下：

131

航班客座利用率＝航班实际旅客数/本次航班可提供的座位数×100％　（6-2）

可提供座位数是指全部座位数去掉机组使用的座位数和减载而不能利用的座位数。

计算一条航线或一个企业的客座利用率的计算公式如下：

航班客座利用率＝旅客周转量/最大可提供旅客周转量×100％　　　（6-3）

（2）飞机载运率是指飞机执行航班飞行任务时实际业务载量与可提供的最大业载（商载）之比，用以反映航班运力的利用程度，是航班效益的重要指标，也是合理安排航班、调整航班密度的重要依据。计算公式为：

航班载运率＝航班实际业载/航班最大业载×100％　　　　　（6-4）

或　航班载运率＝总周转量/最大周转量×100％　　　　　（6-5）

最大周转量是由最大业载乘以距离得出的，而最大业载受到温度、场地条件、航线情况的限制，因而在计算时要根据不同情况而确定，针对货邮运输可以计算货邮载运率。

（3）飞机利用率是指一架飞机在一定时间内（一般为一年或一日）提供的生产飞行小时数。从时间角度反映飞机的利用程度。按时间范围，可分为年飞机利用率和日飞机利用率。

3. 成本效益指标

成本效益指标主要包括客公里收入和客公里成本。

$$客公里收入＝\frac{运输收入}{运输总周转量} \qquad (6-6)$$

$$客公里成本＝\frac{运输成本总额}{运输总周转量} \qquad (6-7)$$

（二）运价与收益管理

收益管理，又称产出管理、价格弹性管理、效益管理或实时定价，它主要通过建立实时预测模型和对以市场细分为基础的需求行为分析，确定最佳的销售或服务价格。其核心是价格细分（也称价格歧视），就是根据客户不同的需求特征和价格弹性向客户执行不同的价格标准。收益管理最早应用的领域是饭店业，随着放松航空管制政策的实行，政府逐渐放开对运价的控制，航空公司可以实行自主定价，收益管理制度逐渐被航空公司普遍使用。

航空运输业收益管理的核心理念就是将合适的座位在合适的时机以合适的价格卖给合适的顾客。同样一个座位，不同乘客所能接受的价格是不一样的，按照旅客出行时间的紧迫性、价格敏感程度等指标，依据旅客特点调整票价，设置不同的子舱位等级（如Y、M、Q等），通过各种条件限制商务客户购买低价票。收益管理系统通过预测和优化，算出每张票的最低售价，可以最大限度地避免发生机票滞销和贱卖的情况。

收益管理主要包括预测和优化两个环节，预测内容主要包括航线旅客需求量、舱位需求等。通过统计数值对不同票价或不同旅客类型的经验分析，以及对常旅客行为的跟踪，提高对不同类型旅客取消订座或 NO-SHOW（订票后未到机场登机）预测的准确率。通过预测分析需求与时间的关联、需求取消的概率、需求与促销变化进行销售策略的优化。

价格和座位是航空运输企业可以直接进行收入管理的两个重要手段。航空公司收益管理其实就是将合适的座位以合适的价格卖给合适的旅客，运用收益管埋对价格座位进行管理，使每一航班每一航段每一个座位都以最好的价格出售，从而获得最大的收益。

价格和座位管理成为航空公司盈亏的主要决定因素之一。收益管理、常旅客计划（FTP）和全球分销系统（GDS）被称为现代航空运输业的三个主要竞争手段，是决定航空公司盈亏的关键技术手段之一。

五、产品营销与电子商务

伴随着电子信息技术和网络技术的发展，航空公司的营销渠道已经从传统产品营销渠道转向了电子化营销渠道。航空公司传统营销渠道主要包含直销渠道和分销渠道两类，其中起主要作用的是分销渠道。与电子商务背景下的营销渠道相比，传统渠道缺乏灵活性和适应性。

电子商务背景下，客票销售呈现出电子化、网络化的线上特点。首先出现了分销代理，如携程、艺龙网点等。其次，航空公司强化了自身的电子商务销售模式，航空公司手机客户端、B2C（商对客）官方网站、三方在线交易平台得以快速建立并实现进一步优化。目前，淘宝、京东、去哪儿等互联网平台也逐渐得到更多客户的认可。

电子商务模式使航空公司可以通过网络直接与客户和旅客打交道，提升了交易的速度和便捷性。电子客票给航空公司省去了纸票成本，旅客也不需要出票。如果旅客是从航空公司官网上订票，航空公司还可省去全球分销系统费用和佣金。电子商务不仅节省了费用，而且方便了旅客。不需要托运行李的旅客可通过网络进行自助值机，省去了值机的排队等待时间。

六、航空公司成本管理

（一）成本构成

航空成本构成主要包括主营业务成本、销售成本、财务成本、管理成本和营业税金及附加。其中最主要的成本管理是主营业务成本管理。

主营业务成本主要包括航油成本、航材成本、维修费用、直接人工费用、起降服务费及民航建设基金和其他相关费用。

航油成本：是航空公司运行过程中占比较大的成本，基本占整个航空公司运营成本的30%~40%。

航材成本：主要包括航空器上的机载设备、高价周转件、消耗件、动力装置（例如APU和发动机等）、标准件和其他航空材料等，主要用于维护和修理飞机。航材是为保证飞机正常飞行，进行日常维护和修理所用的零备件，是保证飞行安全和飞机安全的关键器材。

维修费用：指直接与飞机维修相关的人工、材料费用，包括航空公司的飞机修理费、发动机修理费、航材维修费、定期检查维修费、机队管理费及其他维修费用。

直接人工费用：指直接与飞行有关的人员的费用，包括飞行训练费、飞行小时费、机组食宿费等。

起降服务费：指机场为保障飞机等航空器安全起飞和降落，为航空器提供跑道、滑行道、助航灯光、飞行区安全保卫、驱鸟、跑道机坪道路保障等设施及服务而对航空公司收取的费用。

其他相关费用：其他与飞行直接相关的费用，包括服务费、配餐费、机供品、导航数据费、通信费等。

（二）成本控制

成本控制是保证成本在预算估计范围内的工作。航空公司成本控制可以从成本管理的流程展开，主要包括：制订成本预算、强化过程控制、事后成本控制。

1. 制订成本预算

根据企业发展战略需要制订成本预算，提升财务部门的预算职能，与业务部门协同，根据历史数据和实际业务情况共同制订成本预算和成本控制目标。

2. 强化过程控制

成本过程控制是指对生产的各个环节和部门的消耗的控制。但无论航班运行管理的哪个环节和部门，它所控制的内容基本上是料、工、费的支出。例如利用库存管理的专业知识加强对航材的采购管理，做到既能够满足需要，又不会占用太多的流动资金。

3. 事后成本控制

事后成本控制的目的在于将实际成本与计划成本、目标成本或标准成本进行比较，对发生的差异进行分析，查明差异发生的原因和责任的归属，据以评价、考核各责任部门、单位和个人的工作业绩，同时制订相应措施，消除不利差异，发展有利差异，着眼于未来，改进成本控制工作，根据分析的具体情况确定如何进一步修订和改进成本控制标准。

第三节　航班的组织与运营

对于大多数航空公司来说，航班组织运营的目标包括安全、经济和有效（航班准时起飞与到达）。航空公司运营部门的职责就是确保安全、有效地将乘客和货物运送到目的地，并最终为航空公司创造收入。

一、航班的组织

航空公司根据提前向社会公众公布的航班时刻表组织航班的生产运营活动，围绕航班时刻表调配运力、安排人员。组织一个航班并保证其正点飞行，需要航空公司多个部门相互配合。

（1）航务部门收集气象情报，安排机组和制订飞行计划，并将航班计划通知航管部门。

（2）维修部门要对飞机进行维修和检查，最终决定飞机是否能飞行。

（3）销售部门销售机票，办理货物托运，为航班组织旅客和货邮。

（4）供应部门负责供应机上用水、配餐和加油。

（5）运输部门为旅客办理手续，旅客通过安检，登机，货运部把货物和行李装入机舱，载重平衡部门计算飞机载重平衡，将飞机货邮舱单和载重平衡图交付机长。

这一环节的工作内容，大部分航空公司是委托机场或者第三方服务公司开展的。待机场塔台放行后，飞机方可起飞。整个航班的作业流程如图 6-2 所示。整个流程一环扣一环，形成一个完整的工作链。

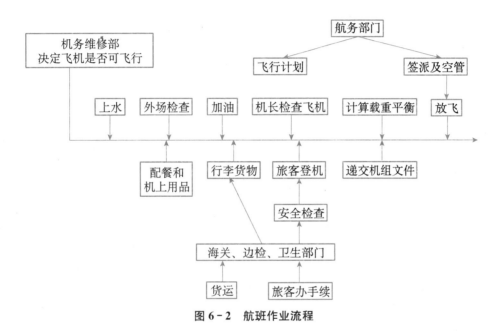

图 6-2　航班作业流程

二、航班运营

对于任一给定航班的运营，需要协调的资源包括飞机与配套设备、驾驶员与客舱乘务员以及机务维修和地面服务人员等。

（一）航班监管与机组排班

在真正开始航班运营前，飞机和飞行机组必须符合监管规定，同时航班计划和机组排班还要满足航空公司整个航线网络规划的要求。

1. 通用监管要求

航空公司的运营通常要受到其注册国家以及运营发生国家有关部门的监管，例如：在美国是联邦航空管理局（FAA），在欧洲是联合航空管理局（JAA），在我国是中国民用航空局（CAAC）。国际航班在国外运营时还要受到国际民用航空组织（ICAO）的管辖。《中国民用航空法》第九十五条规定：公共航空运输企业应当以保证飞行安全和航班正常，提供良好服务为准则，采取有效措施，提高运输服务质量。第九十六条规定：公共航空运输企业申请经营定期航班运输（以下简称航班运输）的航线，暂停、终止经营航线，应当报经国务院民用航空主管部门批准。公共航空运输企业经营航班运输，应当公布班期时刻。

2. 航班机组监管和训练

航班运营中最基本的人员构成是机组人员，包括驾驶员和乘务员。为保证安全、高效、平稳顺利地完成飞行任务，航空公司和监管部门制订了针对机组人员的非常详细的操作流程，机组人员不能随意更改执行。针对正常情况、非正常情况和紧急情况的操作流程都详细地列入机组人员操作指南中，通过系统性的"检查清单"机制以及机组人员间的交叉检验来保证这些流程的正确执行。由培训或飞行标准部门负责保证机组人员对此类标准和指南的熟练掌握以及标准规则的更新。机长对安全及高效飞行负最终责任，在特殊情况下机长具有紧急处置权。

客舱机组人员主要负责飞行期间旅客的安全问题。他们的职责还包括为客户提供服务产品（餐食、娱乐等）以及协助旅客登机。航班乘务员所受的专业训练包括处理飞机紧急情况、人群疏散流程、医疗健康服务、照顾特殊需求旅客、完成飞行条例以及提供餐食服务等。分配给指定航班的乘务员人数根据飞机的可利用座位数以及工作安排要求不同而各不相同。例如：美国联邦航空管理局对乘务员人数的最小要求是座位数为19~50时至少1名乘务员；座位数为51~100时至少2名乘务员；座位数大于100时，每增加50个座位（或不足50座）需增加1名乘务员。

当今大多数航空公司运营的航班都要求由两名飞行员进行驾驶，驾驶舱左边是机长，右边是副驾驶员。此外，为符合工作协议或条例法规规定的工作时间限制，长途航班可能需要配一组备份飞行员。通常由各自国家的管理机构向飞行员颁发执照，其中包括某些级别的商业/运输资格证书以及针对较大型飞机具体机型的单独资格认证（类型等级）。机组必须完成航空公司的培训计划，并在满足航空公司的资质要求后才能操作该航空公司的飞机。

3. 飞行机组的时间安排

航班驾驶舱机组和客舱机组的时间安排有多种方式。通常是根据机组成员的普通排班表或轮职表来安排。轮职表能描述机组成员某个时间段（通常为1个月）内的飞行排班计划及具体的飞行任务和调休安排与顺序（如飞行3天，休息2天）。

我国在制订机组排班计划时，一般是将一个航班串（指多个航班首尾相接的串）指派给一套机组（飞行员和乘务员），而且对于某一套机组来说，在执行最后一个航班时必须回到最初的出发机场。如航班串：广州—上海、上海—北京、北京—广州，可指派给以广州为基地的机组。同时排班计划还应以合法性为原则，即一套机组每天飞行时间不超过9个小时。从航空公司角度出发，应以最小成本完成所有的航班任务。

（二）典型航班上飞行机组的标准动作

典型航班飞行机组的标准动作可以分为多个阶段，如下所述。

1. 飞行机组签到

飞行机组的航班序列计划确定后，需在第一个航班航节起飞前1小时到出发机场的航班运营办公室（或航管中心）签到，再到签派室与签派人员仔细研究飞行计划、飞行高度、使用的航线、天气状况以及可能发生的问题等。许多航空公司为机组提供了可自动更新的"电子飞行包（EFB）"，包含了飞行相关的文档、流程和资料。EFB完整集成了机上资料库与驾驶舱飞行显示系统，分为不同级别和类型，由每位机组成员通过 PC 或平板电脑携带。

2. 运行/规划

多数航空公司都会设置集中式的航空公司运行控制中心（AOCC）、航空公司运营中心（AOC）或系统运营中心（SOC），该部门的员工是持有资质的飞行签派员。他们的职责是同时为 20 个（或更多的）航班制订飞行计划并对飞行进行"跟踪"。制订飞行计划的任务包括在有限的可用信息下，考虑时间、油耗、载荷等因素以确定最佳航路，生成飞行计划并提交给空中交通管制部门（ATC），签派员根据产生的飞行计划向飞行机组通报飞行细节信息，飞行机组通常在起飞前 1 小时左右可通过计算机终端获取飞行计划。飞行计划详细描述本次飞行的各个方面的内容，例如航路、天气、备降机场、耗油量、起飞性能参数及载荷量。

飞行计划需要打印出来，由进入驾驶舱的飞行机组检查其中的详细信息。通常，机长须在飞行计划的纸质或电子版"场站副本"上签字以表示同意。许多情况下签派员无须与飞行机组直接沟通，除非发现了燃油装载量、航路、天气或飞行运行状态/机械状况与计划不一致或预期会发生延误需要讨论。

3. 飞行准备

在航班起飞之前，飞行机组必须明确飞机的适航性，并解决所有遗留问题。飞行准备通常指对飞机的内外部进行检查，广义的含义包括飞机起飞前进行的全部准备活动。飞行机组对飞机的检查包括外部的巡视检查、内部驾驶舱设置一级系统检查。飞行前的检查内容以检查表的形式全部罗列出来，由飞行机组使用，需要确保检查的完整性以及保持每次检查都达到标准要求的可接受水平。

飞机起飞前的外部巡检包括目测检查，由机组成员通过目测来确认机身、发动机、机翼及飞行控制面有无明显的损伤。其他需要检查的项目包括：轮胎的磨损情况与胎压，制动器磨损标志，斜面上有无渗漏或液体，天线、传感器及灯光状况，是否需要除冰以及其他任何可能影响飞行安全的因素。根据飞机大小与新旧状况及飞机轮胎的数量多少，巡视检查通常可在 8～20 分钟完成。

4. 起飞

起飞是飞机飞行的第一阶段，经机场地面交通管制员的起飞放行许可后，飞机发动机油门控制杆被推向前方，飞机开始起飞滑跑。

喷气式飞机的起飞过程包括三个阶段：地面滑跑、离地和加速爬升。飞机先滑行到起飞线上，刹住机轮，襟翼放到起飞位置，并使发动机转速增加到最大值，然后松开刹车，飞机在推力作用下开始加速滑跑。当滑跑速度达到一定数值时，驾驶员向后拉驾驶杆，抬起前轮，增大迎角。此后，飞机只用两个主轮继续滑跑，机翼的升力随着滑跑速度的增加而增大，当其值等于飞机的重力时，飞机便离开地面，加速爬升。

上升到 10～15m 高度后收起起落架，上升到 25m 高度后起飞阶段结束。飞机的起飞速度在 200～300km/h。

起飞阶段要注意飞机的起飞决断速度，即 V_1，飞机在该速度上被判定关键发动机停车等故障时，飞行员可以安全地继续起飞或中断起飞，即继续起飞或中断起飞的距离都不会超过可用的起飞距离。如果速度超过 V_1，绝不能中止起飞，否则剩余跑道不足以使飞机停下，很可能冲出跑道造成事故。在速度达到 V_1 后出现紧急情况，飞机应在起飞后调转方向从起飞跑道上紧急降落或进行迫降。

5. 爬升和巡航

飞行环境是动态的，飞行期间需要执行空中交通管制发出的指令，飞行过程中机组要持续监控飞机性能以尽可能达成最佳飞行轨迹。一般情况下，当飞机上升到 3 000m 高度以上，驾驶员可以操纵飞机减小爬升角，为进入航线做准备。

经区域管制员许可后飞机进入航路，飞机继续上升到巡航高度（民航喷气式客机一般是 8 000m 以上），改平飞进入巡航阶段飞行。

在巡航阶段，飞行机组还需要完成一些例行工作，包括监测飞机的飞行路径与系统状况，保持飞机两侧油量平衡，进行客舱温度控制以及响应 ATC/AOCC 的通信要求。

6. 下降、进近

下降，是指飞行高度不断降低的飞行状态。在当前环境下，飞机的下降计划由 ATC 限制条件和最优的飞机效能共同决定。飞行在典型巡航高度的飞机，通常会在距离目的地机场 100～130 海里处开始下降。下降开始距离主要由 ATC 规范/流程限制决定，但也会因机型及环境条件（如高空风和湍流）的不同而改变。通常，当飞行时间还剩 30～40 分钟时开始下降过程，此时机组人员也应开始进行进近及着陆的准备工作。

进近是指飞机下降时对准跑道飞行的过程，在进近阶段，要调整飞机高度，对准跑道，从而避开地面障碍物，飞行员的注意力必须高度集中才能准确操作，因此进近是有着严格的标准和操作规程的。大多数航空公司的飞机上都会配备满足各种进近流程要求的导航设备。精准的进近流程包括 GPS 自动着陆，GPS 横向及纵向导航及Ⅰ、Ⅱ、Ⅲ类仪表着陆系统进近流程。许多大型机场的跑道系统都使用仪表着陆系统，当符合仪表条件时为飞机提供引导，使之能沿着定位信标精确定位的航道和下滑道降落。

7. 着陆、滑跑

着陆是指飞机从安全高度下滑过渡到接地滑跑直至完全停止的整个减速运动过程。飞机着陆一般分下滑、拉平、平飞、飘落、滑跑 5 个阶段进行。下滑段发动机处于慢车状态，航迹接近于直线，下滑角保持某一负值。下滑到离地面 6～12m 时，驾驶员向后拉驾驶杆将机头抬起，进入拉平阶段。在降至离地面 0.5～1.0m 时，拉平段结束，飞机进入平飞减速段。在此阶段中，为保持飞机升力与重力平衡，应柔和地拉杆，逐渐增大迎角。在空气阻力作用下，速度不断降低，飞机缓慢下沉。当升力减小到小于飞机重量时，进入飘落段，飞机逐渐飘落。当主轮接地时进入滑跑阶段，飞机便开始沿跑道滑跑。滑跑速度减小到一定程度时，驾驶员推杆使前轮接地（起落架为前三点式时），进行三轮滑跑，同时使用刹车和减速装置使飞机继续减速，直至完全停止，着陆过程结束。

一旦飞机离开跑道，飞行机组就会向塔台报告降落过程中遇到的迎面风状况或制动状况（低能见度时还被要求报告跑道是否干净）。飞机驶离跑道后副驾驶员与地面控制联系请求滑入指令，之后完成"滑入后"检查单，并呼叫本地机坪控制员以确认到达登机口安排情况和占用状态。

8. 滑入和停放

飞行员从 ATC 处取得目的地机场的滑行放行许可后，通常使用"滑行道图解"辅助完成滑行操作。在滑入过程中，通常由机长决定是否需要启动 APU。有时为节省燃油可能需要关闭一台发动机，这样某些机型就需要使用 APU。通常，如果确定不会使用地面电源供电，在飞机还有几分钟到达停机位区域时就应准备启动 APU。如果使用地面电源，则在到达停机位之前发动机应保持运转，直到地面服务人员把地面电源连接到飞机上。

当连接地面电源（APU 或者外部电源电缆）之后，发动机熄火、飞机机组检查"发动机熄火"清单。在飞机外的工作人员与客舱乘务员共同确认滑梯预位解除后，打开指定舱门，开始引导乘客下飞机。使用轮椅的乘客与无人陪伴的儿童乘客通常被安排最后下飞机。发动机停止后，地面服务人员开始卸载和处理行李及货物。飞机机组完成对驾驶舱和客舱的安全检查后离开飞机。

本章小结

本章主要介绍了航空公司的定义和分类，我国航空公司的发展现状，航空公司组织结构，航空公司运营管理的相关业务知识，航班的组织与运营。通过本章的学习，读者应了解和熟悉航空公司的发展战略、经营管理、航班组织与运营等相关业务知识。

复习与思考

一、选择题

1.（   ）是衡量航空公司运输质量的首要标志。

A. 安全　　　　　B. 快速　　　　　C. 经济　　　　　D. 舒适

2. 航空公司组织和指挥飞行的中心是（   ）。

A. 飞行程序和训练部门　　　　　　B. 飞行签派机构

C. 空中交通和安全部门　　　　　　D. 飞行人员的管理机构

3. 下列航空公司中属于低成本航空公司的是（   ）。

A. 南方航空公司　　B. 深圳航空公司　　C. 春秋航空公司　　D. 吉祥航空公司

4. 飞机起飞过程中如果在跑道上的（   ），说明运行出现问题，机长可紧急中断起飞。

A. 速度小于 V_2　　B. 速度等于 V_R　　C. 速度大于 V_1　　D. 速度小于 V_1

二、判断题

1. 配置飞机载重时需要考虑飞机重心的前后极限。（   ）

2. 工程维修部门的主要任务是保障飞机处于适航和完好状态并保证飞机的安全运行。（   ）

3. 冬春班期时刻表是每年三月的最后一周开始使用。（   ）

三、简答题

1. 简述航空公司的定义。

2. 简述航空公司的组织结构。

3. 简述货运航空公司的分类。

4. 航空公司战略规划的主要内容是什么？有什么意义？

5. 航线网络规划有哪些类型？各有哪些特点？

6. 航线选择时要考虑的因素都有哪些？

7. 机队规划的主要内容是什么？

8. 航空运输企业经营指标都包含哪些内容？

9. 收益管理的主要内容是什么？航空公司为什么实行收益管理？

10. 简述航班机组的工作内容。

四、论述题

航空公司要想在激烈的市场竞争中脱颖而出应该从哪些方面考虑？

第七章
空中交通管理

本章导航

　　空中交通管理部门承担着维护空中秩序、保障飞行安全、合理规划空域资源并使空域资源得到有效利用的重要责任。民航运输离不开空中交通管理部门的支持与服务。本章主要介绍空中交通管理的发展概况、空中交通管理的概念和内容、空中交通服务、空中交通管制、空域管理和空中交通流量管理等内容。

学习目标

知识目标

1. 了解世界空中交通管理发展概况

2. 了解我国空管行业现行管理体制

3. 掌握空中交通管理的概念和内容

4. 掌握空中交通服务的目标与组成

5. 了解空中交通管制服务的任务

6. 掌握空中交通管制的分类和方式

7. 了解我国空域的划分

8. 了解特殊空域的划设

9. 了解空中交通流量管理的常用方法

10. 了解航空情报服务的作用

11. 了解影响飞行安全的航空气象要素

12. 了解我国航空气象服务的机构

能力目标

1. 具备对空中交通管理基础知识的理解能力

2. 具备后续空中交通管理专业课程学习的基础业务能力

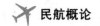

3. 具备将空中交通管理相关理论知识应用于工作的实践能力

第一节　空中交通管理概述

航班运行是一个复杂的系统工程，为保证航空器的安全飞行和起降，有效维护和促进空中交通安全，维护空中交通秩序，保障空中交通畅通，必须对空中交通实施科学有效的管理，因此形成了管理空中交通的一系列规则、制度和管理体制，统称为"空中交通管理"，由专门的空中交通管理部门统一组织实施。

一、空中交通管理发展概况

在航空活动开展的初期，由于飞机的数量很少，飞机的飞行距离最多只有几百千米，而且只能在昼间和好天气情况下飞行，因而主要依靠目视飞行规则（Visual Flight Rules，VFR），人们并未建立起空中交通管理的概念。

20 世纪 30 年代以后，飞行活动逐渐频繁，飞机的飞行性能逐渐提高，无线电通信设备在飞机上的使用，以及地基导航设备的安装，目视飞行规则难以满足需要，于是出现了基于程序管制的管制方法，形成了以程序管制为核心的空中交通管制（Air Traffic Control，ATC）。程序管制是一种根据一系列事先协议好并公布的规定和程序对航空器的飞行活动实施管制的方式。空中交通管制员通常依据飞行计划、飞行员的位置报告、管制员之间的协调以及飞行进程单及时确定和掌握航空器的位置，通过无线电设备使用陆空通话为航空器发布指令和信息，合理安排航空器的飞行秩序，调整航空器之间的飞行间隔，按规定进行管制移交以便为航空器提供连续不断的管制服务。

20 世纪 50 年代中期，雷达技术开始应用于空中交通管制领域，加之仪表着陆系统的出现，飞行安全显著提升。

从 20 世纪 80 年代后期开始，伴随着电子技术的飞速发展和计算机在机载设备和空管地面设施上的广泛应用以及卫星通信和定位技术的成熟，为大范围空中交通管理创造了条件，因此，国际民用航空组织（ICAO）提出了空中交通管理（Air Traffic Management，ATM）的综合概念，以取代空中交通管制，一字之差反映了两者在管理范围和深度上的不同。空中交通管制的目的只是保证一次航班从起飞机场经航路到达目的地机场的间隔和安全，而空中交通管理则是着眼于整个航线网上空中交通通畅、安全和有效运行。这样，空中交通管制就成为空中交通管理的一个重要组成部分。

进入 21 世纪以来，为适应经济全球化发展和空中交通流量的快速增长，空中交通管理的理念逐步扩展到全球范围。在广泛的探讨、研究和协同的基础上，ICAO 提出了全球一体化的运行概念，通过协调空中交通运行各参与方，提供共享设施和无缝服务，对空中交通和空域实施安全、经济和高效的动态的、一体化的管理。在此概念下，各国相继对本国的民航业未来发展进行长期规划。

2005 年，我国民航局提出建立"新一代民用航空运输系统"的构想，明确提出

"充分应用新科技，改变空中交通管理的理念，建立一个适应能力强的空中交通管理系统"的发展目标。规划和建设总体战略目标是：为了适应中国民航又好又快的发展目标，满足航空运输需求的不断增长，保证航空安全和运行效率的全面提升，通过系统建设高适应性的、大容量的、系统结构化的具有中国特色的民航空管技术和设备体系，实现我国空管技术和设施设备的全面跨越式发展，为实施民航强国战略提供技术支持和基础平台。

二、我国空中交通管理体制概况

自 2007 年 4 月 27 日《民航空中交通管理体制改革方案》发布，到 2007 年 9 月 5 日民航新疆空管局成立，我国民航完成了空管系统"政事分开、运行一体化"的改革工作。这次空中交通管理体制改革的基本目标：一是建立健全政府空管监管体制，实现政府管理职能与系统运行职能分离；二是建立垂直管理的空管系统，统一运行指挥，实现运行一体化；三是通过理顺空管系统自身管理体制和运行机制，提高民航空管系统运行效率和保障能力。空管体制改革的完成，形成了民航局空中交通管理局、民航地区空中交通管理局、民航省（自治区、直辖市）空中交通管理分局的三级运行管理体系，实现了民航空管系统的一体化管理和运行。

中国民用航空局空中交通管理局（简称民航局空管局）是民航局管理全国空中交通服务、民用航空通信、导航、监视、航空气象、航行情报的职能机构。中国民航空管系统现行行业管理体制为民航局空管局、地区空管局、空管分局（站）三级管理；运行组织形式基本是区域管制、进近管制、机场管制为主线的三级空中交通服务体系。主要职责是贯彻执行国家空管方针政策、法律法规和民航局的规章、制度、决定、指令；拟定民航空管运行管理制度、标准、程序；实施民航局制定的空域使用和空管发展建设规划；组织协调全国民航空管系统建设；提供全国民航空中交通管制和通信导航监视、航行情报、航空气象服务，监控全国民航空管系统运行状况，研究开发民航空管新技术，并组织推广应用；领导管理各民航地区空管局，按照规定，负责直属单位人事、工资、财务、建设项目、资产管理和信息统计等工作。

中国民用航空局空中交通管理局领导管理民航七大地区空管局及其下属的民航各空管单位，驻省会城市（直辖市）民航空管单位简称空中交通管理分局，其余民航空管单位均简称为空中交通管理站。民航地区空管局为民航局空管局所属事业单位，民航空管分局（站）为所在民航地区空管局所属事业单位，两者均实行企业化管理。民航七大地区空管局包括：民航华北空管局、民航东北空管局、民航华东空管局、民航中南空管局、民航西南空管局、民航西北空管局和民航新疆空管局。

三、空中交通管理的概念和组成

空中交通管理（ATM）是利用通信、导航、监视以及航空情报、气象服务等运行保障系统对所辖空域资源、空中交通和民用机场区域等进行动态和一体化管理活动的总称。空中交通管理的基本任务是保证空中交通安全，提高经济效益，保障空中交通高效畅通。

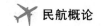

空中交通管理由三部分组成：空中交通服务（ATS）、空域管理（ASM）和空中交通流量管理（ATFM）。其中空中交通服务是核心。

第二节　空中交通服务

与其他的交通运输方式一样，空中交通也要求有专门的机构提供管理和服务以保证飞行活动安全和有秩序地运行。这种由空中交通管理机构为航空器在起降以及空中飞行提供指挥、管理和服务的内容和过程就是空中交通服务。

一、空中交通服务的目标

空中交通服务的目标紧紧围绕"安全与效率"，进一步细化为以下五个方面：

（1）根据空域使用现状，采用一切可用的间隔，发布指令，防止空中的航空器相撞，防止出现各种事件差错、严重差错、危险接近等事件的发生。

（2）利用一切手段，包括使用地面活动雷达等，切实采取措施，防止飞机和障碍物（或者地面的飞机等）在起飞、降落及其相关区域出现相撞等事故或事件。

（3）对空域内飞行的航空器进行切实有效的管理，准确掌握飞行动态，确定航空器之间的相互关系，找出事关飞行冲突调配的主要航空器，利用合理的间隔标准，及时发布指令，实现加速空中交通流量、维持良好运行秩序的目的。

（4）为了航空器安全、有序的运行，为其提供各种建议、情报、信息来避开危险天气及各种限制性空域。

（5）在航空器遇险或需要提供搜寻、救援服务时，通知各保障单位及时开展工作。

空中交通服务强调"服务"以取代过去的"管制"，这表示空中交通服务应该尽可能在分配航线和采取行动时为大多数的空中交通使用者提供更好的服务。而"管制"本身就带有强制、命令的意味，因而这个改动表示空中交通管理机构在管理观念上的深刻变化。

二、空中交通服务的组成

空中交通服务是由空中交通管制服务、飞行情报服务和告警服务三部分组成。

（一）空中交通管制服务（Air Traffic Control，ATC）

空中交通管制是指利用通信、导航技术和监控手段对航空器飞行活动进行监视和控制，以保证飞行安全和有秩序飞行。

1. 空中交通管制服务的任务

空中交通管制服务的任务主要包括以下五个方面：

（1）为每个航空器提供其他航空器的即时信息和动态（它们将要运动的方向和变化）。

（2）由这些信息确定各个航空器之间的相对位置。

（3）发出管制许可，使用许可和信息防止航空器相撞，保障空中交通通畅。

（4）用管制许可来保证在控制空域内各航班的间隔，从而保证运行安全。

（5）从航空器的运动和发出许可的记录来分析空中交通状况，从而对管制的方法和间隔的使用进行改进，使空中交通的流量提高。

2. 飞行间隔

空中交通服务的主要目的之一是防止航空器在空中相撞。当空中同一区域航空器数量很多时，要防止航空器相互危险接近和相撞，就必须保证任何两个航空器之间有足够的距离。这是空中交通管制的基础，也是空中交通管制人员的基本任务。由于航空器的航向不同、速度不同、高度不同，因此必须制定一整套国际通用的航空器在空中相互距离的规定，这些规定的距离（时间）称为间隔标准，是在空中交通管制过程中将航空器在纵向、侧向和垂直方向隔开的最小距离。

管制单位常用的间隔为垂直间隔、纵向间隔和侧向间隔。本节仅介绍垂直间隔标准。

据 2007 年 11 月 22 日零时（北京时间）起我国施行的飞行高度层垂直间隔配备方法。在原 8 400m 以下飞行高度层实行 300m 垂直间隔、8 400m 以上飞行高度层实行 600m 垂直间隔的基础上，缩小 8 400～12 500m 高度范围内飞行高度层垂直间隔，即 8 400～8 900m 实行 500m 垂直间隔，8 900～12 500m 实行 300m 垂直间隔，12 500m 以上仍维持 600m 垂直间隔不变。

3. 空中交通管制服务的分类

空中交通管制服务系统按照管制范围的不同可分为机场管制服务、进近管制服务和区域（航路）管制服务。

（1）机场管制服务。

为在机场范围或起落航线上（半径不超过 10 海里）飞行活动提供的管制服务称为机场管制服务，机场管制服务由机场塔台管制室提供，因此机场管制也称为塔台管制，管制员称为塔台管制员。他们在塔台的高层，靠目视和机场地面监视器来管理飞机在机场上空和地面的运动。

1）服务的范围。

为防止航空器在机场的运行中相撞，机场管制服务的范围如下：

航空器在机场交通管制区的空中飞行。

航空器的起飞和降落。

航空器在机坪上的运动。

防止飞机在运动中与地面车辆和地面障碍物的碰撞。

2）起落航线。

对于起飞和降落的飞机在机场要按一定的航线飞行，这种飞行航线叫作起落航线，如图 7-1 所示。

航线由 5 段组成，每一航段称为一个边。第一段称为第一边或逆风边，对起飞的

图 7 - 1　起落航线（左起落）

飞机是从在跑道上的滑跑起飞段，对于着陆的飞机是航迹平行于跑道，方向与着陆方向相同的一段。第二段称为第二边或侧风边，它垂直于跑道。第三段称为第三边或顺风边，它的航迹平行于跑道但航向和着陆方向相反。第四段称为第四边或基本边，它的方向和跑道垂直，终端在和跑道中心线的延长线交点处。第五段叫第五边，也称为末边，它的方向对准跑道中心线，飞机沿着它着陆。这种航线通常是左旋，称为左航线，如果受到城市或地形限制，也可以采用右航线。起飞和降落的飞机都要按这个航线飞行，对降落飞行，飞机可以按顺序飞完全部的标准航线，也可以按管制员的调度只飞后面的几个边或一个边。对于按仪表飞行的飞机，各个机场有标准仪表着陆程序，飞机可以按程序规定的航线降落。

（2）进近管制服务。

对按仪表飞行规则在仪表气象条件起飞或降落的飞行所提供的服务称为进近管制服务，这种服务由进近管制室或终端管制中心来提供。进近管制员通常在一个封闭的、黑暗的空间工作，不像塔台能看见真实的飞机，而是通过无线电通信设备和监控设备来监控飞行，管辖的范围上接航路区下接机场管制区。进近管制是塔台管制和航路管制的中间环节，这个阶段是事故的多发区，因此进近管制服务必须做好和塔台管制与航路管制的衔接，向航空器提供进近管制、飞行情报和防撞警告服务。

（3）区域（航路）管制服务。

区域（航路）管制的目的是在管制区域范围内为航空器提供全航线飞行过程的空中交通管制。航空器在航路（线）上的飞行由区域管制中心提供空中交通管制服务，每一个区域管制中心负责一定航路、航线网的空中交通管理。区域管制所提供的服务对象主要是 6 000m 以上高度运行的航空器，这些航空器绝大多数是喷气式飞机。未来我国大陆地区将建设 8 个大的高空管制中心，每个管制中心负责整个区域内的空中交通管制工作。

区域管制员的任务是根据飞行计划，批准飞机在其管区内的飞行，保证飞行间隔，然后把飞机移交到相邻空域，或把到达目的地的飞机移交给进近管制。在繁忙的空域，区域管制中心把空域分成几个扇区，每个扇区只负责特定部分空域或特定航路上的管制。区域管制员依靠空地通信、地面通信和远程雷达设备来确定飞机的位置，按照规定程序调度飞机，保持飞行的间隔和顺序。

4. 空中交通管制的方式

空中交通管制根据管制手段的不同，可分为三种方式：程序管制、雷达管制和雷达监控下的程序管制。

（1）程序管制。

程序管制是指在不使用监视系统获取信息的情况下，根据飞行计划、无线电通信和雷达标图，对航空器飞行活动实施管制的方式。

程序管制是按照事先拟定的飞行计划和飞机的实际飞行进程进行空中交通管制。

飞行计划一般需要航空器使用者（航空公司或航空器驾驶员）提前一天提交给起飞机场的空中交通管制部门，紧急情况下可在起飞前 1 小时交付。空中交通管制部门在考虑了空中交通的总体情况并对计划进行审核后，批准计划或与提交的人员协商做出修改后批准。飞行计划内容包括：飞行规则、飞机的编号、飞机型号、真空速、起飞机场、起飞时间、巡航高度、速度、航路、目的地机场、预计飞行时间、纪要、起飞油量、备降机场、机长姓名，除此之外有时还要求填写航空器的颜色和救生设备等作为补充内容。飞行计划是航空单位或个人为达到其飞行活动目的，预先制订的飞行活动方案，这是组织与实施飞行的依据。飞行计划是国际通用的飞行文件，国际民航组织规定了统一的格式。

空中交通管制员根据飞行计划和驾驶员在飞行中的位置报告，填写飞行进程单，通过计算确定飞机之间的相互位置关系，发布指令，调配飞机之间的间隔，保持规定的安全距离和高度差，保证飞机有秩序地安全飞行。

（2）雷达管制。

雷达管制是直接利用雷达终端设备提供图像、数据对航空器的飞行活动实施管制的方式。雷达管制员根据雷达显示，可以了解本管制空域雷达波覆盖范围内所有航空器的精确位置，因此能够大大减小航空器之间的间隔，使管制工作变得主动，管制人员由被动指挥转变为主动指挥，提高了空中交通管制的安全性、有序性、高效性。

民航管制使用的雷达种类为一次监视雷达和二次监视雷达。一次监视雷达发射的高能无线电脉冲被目标反射回来并由该雷达收回加以处理和显示，在显示器上只显示一个亮点而无其他数据。二次监视雷达把已测到的目标与飞机上安装的应答机相配合，应答机接收到地面二次雷达发出的询问信号后，很快发出回答信号，这些信号被地面二次监视雷达天线接收，经过译码，在显示这架飞机的亮点旁显示飞机的识别号码和高度，空中交通管制员根据这些雷达显示，结合飞行计划和飞行进程单，能够很快判明飞机的位置，向空中的飞机发出指令，实施管理。

雷达管制和程序管制最明显的区别在于两种管制手段允许的航空器之间最小水平间隔不同。在区域管制范围内，程序管制要求同航线同高度航空器之间最小水平间隔10 分钟（对于大中型飞机来说，相当于 150km 左右的距离），雷达监控条件下的程序管制间隔只需 75km，而雷达管制间隔仅仅需要 20km。由于技术进步以及空中交通流量的加大，雷达管制间隔还在逐渐缩小，目前已小于 20km。允许的最小间隔越小，意味着单位空域的有效利用率越大，飞行架次容量越大，越有利于保持空中航路指挥顺畅，更有利于提高飞行安全率和航班正常率。

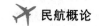

（3）雷达自动化管制。

雷达自动化管制简称自动化管制，它是将计算机技术和雷达技术结合起来，实现雷达管制的全自动化。在雷达自动化管制系统中，一、二次雷达信息和飞机计划信息都被输入计算机数据处理系统。当雷达自动化管制系统跟踪一架飞机时，管制员可以在雷达屏幕上得到飞机的全部有关数据信息，包括下一步预计的位置和高度，管制员可以脱离飞行计划和飞行进程单，从而进一步提高工作效率和空域利用率。目前，雷达自动化管制系统仍在不断发展和完善中。

（二）飞行情报服务 （Flight Information Service，FIS）

飞行情报服务通常由区域管制单位兼任，但在有些地区，考虑到飞行量大、飞行组成复杂等现实情况可成立专门的机构由专门的人员从事该项工作。提供飞行情报服务，旨在提供有助于安全和有效地实施飞行的情报和建议。飞行情报包括的内容主要如下：

（1）重要气象情报和航空气象情报。

（2）关于火山爆发前活动、火山爆发的情报和关于火山灰云的情报。

（3）关于向大气层释放放射性物质和有毒化学品的情报。

（4）关于导航设备可用性变动的情报。

（5）关于机场和有关设施变动的情报，包括机场活动区受雪、冰或雨水积水深度等情况的情报。

（6）关于无人驾驶自由气球的情报。

（7）可能影响安全的任何其他情报。

对于为飞行提供的飞行情报服务，除了以上7项外，还需要提供下列有关情报：

（1）起飞、到达和备降机场的天气预报和天气实况。

（2）与在空域中运行的其他航空器的相撞危险。

（3）对于水域上空的飞行，如可行并经驾驶员要求提供任何有用的情报，例如该区域内水面船只的无线电呼号、位置、真航迹、速度等。

（三）告警服务 （Alerting Service，AS）

告警服务是指当航空器处于搜寻和救援状态时，涉及向有关单位发出通知，并给予协助的服务。告警服务不是一项孤立的空中交通服务，也不是某一专门机构的业务，而是当航空器遇到紧急状况如发动机故障、无线电通信系统失效、座舱失压等或遭遇空中非法劫持时，由当事的管制单位直接提供的一项服务。

第三节　空域管理与空中交通流量管理

空域是指根据飞行训练和作战的需要而划定的一定范围的空间，通常以明显地标或导航台为标志。空域是航空活动的特定空间，是国家资源。为了合理、充分和有效利用空域，提高空域利用效率，空中交通管理部门对空域和空中交通流量实施管理。

一、空域管理（Air Space Management，ASM）

空域管理是指为维护国家安全，兼顾民用、军用航空的需要和公众利益，统一规划，合理、充分、有效利用空域的管理工作。空域管理的主要内容包括空域划分和空域规划。

空域划分和空域规划的主要作用：一是可以增加空域的安全水平，通过对飞行规则、飞行人员资格、地空通信、导航、监视设备能力的分类要求，将空域的安全水平控制在可以接受的范围内；二是能够实现空域资源的优化配置，在确保公共运输航空、军事航空使用空域的同时，尽可能多地将空域资源释放给通用航空使用；三是能够实现空管资源的最优配置，为不同的空域用户提供适当的空中交通服务，在运输飞行繁忙的空域内提供管制间隔服务，确保飞行的安全和有序；四是在通用飞行需求旺盛的空域内提供飞行情报服务和告警服务，创造宽松和灵活的运行空间。

（一）空域的划分

民用空域划分为"管制空域"与"非管制空域"。在管制空域中，交通流量受 ATC 的监督与管理，因而飞机能在低能见度的仪表飞行气象条件下飞行。ATC 不直接管理非管制空域中的飞机，这类空域常见于低海拔及交通密度较低的偏远地区。多数国家中，部分空域为非军事预留区，这些空域禁止民用飞机进入，或者民用飞机要进入这类空域需提前与军事部门沟通协调。

1. ICAO 空域分类

国际民航组织（ICAO）根据空域的限制等级和服务类型把空域分为 A、B、C、D、E、F、G 七类。不同类型的空域对空中交通服务和飞行的要求不同，其限制程度按照字母顺序递减。其中 A、B、C、D、E 五类空域划分为管制空域，这部分空域范围内以运输航空仪表飞行为主要服务对象，为所有飞行提供空中交通管制服务，并对不同限制等级的空域提供的管制等级和服务类型、飞机速度的限制、飞机之间的距离及无线电通信的要求各有不同。F、G 两类为非管制空域，非管制空域是民航或军事当局控制区域以外的空域，一般空中交通量少，主要留给按照目视飞行的通用航空和按照飞行规则自主飞行使用，并为通用航空目视飞行提供飞行情报服务，必要时向自主飞行航空器提供飞行情报服务。不同类型的空域垂直相邻时，在共同飞行高度层的飞行应当遵守运行限制较少的空域类型的要求，并提供适合该类用于要求的服务。

2. 我国空域分类

我国的空域划分尚未与国际接轨，目前我国的空域分为 A、B、C、D 四类空域和低空空域。

（1）A 类空域（高空管制空域）。

A 类空域是在我国境内 6 300m（含）以上的空间，划分为若干个高空管制空域，在此空域内飞行的民用航空器必须按照仪表飞行规则飞行，接受空中交通管制部门的管制，取得飞行许可及航空器之间和航空器与障碍物之间的间隔配备。

（2）B类空域（中低空管制空域）。

B类空域是在我国境内6 000m（含）以下至最低高度层以上的空间，划分为若干个中低空管制空域。在此空域内飞行的航空器，可以按照仪表飞行规则飞行，如果符合目视飞行规则的条件，由机长申请，经过中低空管制室批准，也可以按照目视规则飞行。但所有飞行必须接受空中交通管制单位的管制，获得放行许可及航空器之间和航空器与障碍物之间的间隔配备。

（3）C类空域（进近管制空域）。

通常在一个机场或几个机场附近的航路汇合处划设管制空域，即C类空域，便于进场和离场的航空器的飞行，它是中低空管制空域与塔台管制空域的连接部分。C类空域垂直范围通常是6 000m（含）以下、最低高度层以上；水平范围通常是半径50km或走廊进出口以内、机场塔台管制范围以外的空间。在此空域内飞行的航空器，可以按照仪表飞行规则飞行，如果符合目视飞行规则的条件，由机长申请，经过进近管制室批准，也可以按照目视规则飞行。但所有飞行必须接受进近管制室的管制，取得放行许可及航空器之间和航空器与障碍物之间的间隔配备。

（4）D类空域（机场管制塔台管制空域）。

D类空域通常包括起落航线和最后进近定位点以后以及第一等待高度层以下、地球表面以上的空间和机场活动区，即管制地带。在此空域内运行的民航用航空器，可以按照仪表飞行规则飞行，如果符合目视飞行规则的条件，由机长申请，经过塔台管制室批准，也可以按照目视规则飞行。但所有飞行必须接受塔台管制室的管制，取得放行许可及航空器之间和航空器与障碍物之间的间隔配备。

（5）低空空域。

民用航空飞行高度一般在6 000m以上。低空空域指的是1 000m以下的飞行区域。在2009年的全国低空空域管理改革研讨会上，有关方面提出将3 000m以下的空域分为3类：管制空域、监视空域、报告空域。管制空域，航空用户申请飞行计划，空管部门掌握飞行动态，实施管制指挥；监视空域，航空用户报备飞行计划，空管部门监视飞行动态，提供飞行情报和告警服务；报告空域，航空用户报备飞行计划，向空管部门通告起飞和降落时刻，自行组织实施，空管部门根据用户需要，提供航空情报服务。

从2013年起，航空管制放松，低空空域开放在全国铺开，湖北等中南地区5省37片空域陆续开放。放开低空领域对整个国家的经济，尤其是"大交通"系统的发展和确立有着重要的意义。2014年11月23日闭幕的全国低空空域管理改革工作会议确定真高1 000m以下空域实行分类管理有序放开。

3. 空域划设

根据空域结构，我国又将全国空域分为若干飞行情报区、飞行管制区，并建立相应机构，负责对在该区域内的民用航空飞行提供空中交通服务，要求飞机沿规定的路线和在规定的区域内飞行。在飞行情报区、管制区内划定飞行的航路、航线、空中走廊和机场区域。

（1）飞行情报区。

飞行情报区是指为提供飞行情报服务和告警服务而划定的范围空间。我国情报区主要是为外国飞机进出和飞越我国境内而划定的。目前我国共有 11 个飞行情报区，分别为北京、沈阳、上海、广州、昆明、武汉、兰州、乌鲁木齐、三亚、香港和台北。

（2）飞行管制区。

飞行管制区是指为在本区域内飞行的飞机提供空中交通管制服务而划定的范围空间。按照向航空器提供管制服务的阶段的不同，管制区一般可划分为进近管制区、中低空管制区和高空管制区。

（3）航路与航线。

航路是指为了维护空中交通秩序，提高空间利用率，保证飞行安全由国家统一划定的具有一定宽度的空中交通管制通道。航路有较完善的通信、导航设备，宽度通常为 20km。航路沿途应有备降机场、通信导航设备和监视雷达，保证飞机准确地在航路上飞行。目前我国建立的航路主要有北京—上海、北京—广州—深圳、上海—广州、广州—昆明等。

航线是指根据空域的使用要求，在机场和机场之间或机场与航路之间及航路与航路之间建立的航迹线。管制航线分为固定航线和临时航线。航线中心线与航线附近空域之间的侧向安全间隔一般不得小于 10km。

航路和航线的最低飞行高度，应当是航路和航线中心线两侧各 25km 以内的最高障碍物的高度，加上最低超障余度后向上以米取整。在高原和山区，最低超障余度为 600m，在其他地区，最低超障余度为 400m。

（4）空中走廊。

空中走廊是指划设在机场密集的大、中城市附近地区上空，宽度通常为 10km（其中线两侧各 5km，最小不得小于 4km）的空中飞行通道。空中走廊还需要明确走向和飞行高度。目前我国在北京、上海、广州、成都、西安、沈阳、武汉等大城市都设有空中走廊。飞机要进入这些大城市的机场，都不可随意飞越城市上空直接进入机场，必须先飞向指定的地点（即走廊口），然后沿着空中走廊飞向机场降落。

（5）机场区域。

机场区域是指机场及其附近地区的上空，为飞机在机场上空飞行、加入航线、进入机场和降落而规定的空间，包括空中走廊和各种飞行空域。

4. 特殊空域分类

特殊空域是由多种空域组成的，其中除了大量的军事活动外，还可能制止或限制那些不属于军方的飞行活动。通常，设置特殊空域是为了国家安全、环境保护、军事演习、科学研发、测试和评估。

在中国，特殊空域分为危险区、限制区、禁区、放油区、训练区域、试飞区域和临时飞行空域。

（1）危险区。

危险区可以由每个主权国家根据需要在陆地或领海上空建立，也可以在无明确主权的地区建立，它在所有限制性空域中，约束、限制最少。被允许在其内运行的飞机受到保护，其他航空器的运行会受到可能的影响，基于此，有关国家应在其正式的文件、通告中发布该区建立的时间、原因、持续的长短，以便于其他飞行员做决策：能否有足够的把握、充足的信心应对此危险。ICAO 规定，在公海区域只能建立危险区。我国在航图上以 D 表示。

（2）限制区。

限制区是限制、约束等级较危险区高，又比禁区低的一种空域，在该空域内飞行并非是绝对禁止的，而是否有危险，已不能仅仅取决于飞行员自身的判别和推测。此种类型的空域的建立一般不是长期的，所以最重要的是要让有关各方知道，该区何时开始生效，何时将停止存在，赖以建立的条件、原因是否依然有效。与该区域建立相关的活动通常包括空中靶场、高能激光试验、导弹试验，有些限制区的生效时间持续24 小时，有些仅仅作用于某些时段，其他时段对飞行无任何影响，航图上用字母 R 加以标注。

（3）禁区。

禁区被划分为永久性禁区和临时性禁区两种，在各种类型的空域中，限制、约束等级最高的，一旦建立则任何飞行活动被禁止，除非有特别紧急的情况，否则将遭受致命的灾难。这些区域主要用来保护关系到国家利益的重要设施及某些敏感区域。而且当发生工作事故，波及上述目标后，将产生极大的危害，所以该区的建立各国都比较慎重，常以醒目的 P 在航图上加以标注。

（4）放油区。

放油区是指围绕大型机场建立的供飞机在起飞后由于种种原因不能继续飞行，返回原起飞机场又不能以起飞全重着陆时而划定的一片区域，设计该区域的主要目的是放掉多余燃油，飞机着陆时不超过最大允许着陆重量，对飞机不造成结构性损伤，大大减少其他可能事件的发生。这样的区域一般规划在远离城市的地带。

（5）其他特殊空域。

训练区域应当根据训练航空器的性能和训练科目的要求确定。

试飞区域应当根据试飞航空器的性能和试飞项目的要求确定。

临时飞行区域应当尽量减少对其他空域或者飞行的限制，使用完毕后及时撤销。

（二）空域规划

空域规划是指为达到预定的空域建设和管理目标，而进行的空域资源配置和总体筹划。空域规划的目的是增大空中交通容量，理顺空中交通流量，有效地利用空域资源，减轻空中交通管制员的工作负荷，提高飞行安全水平。

随着航空业的高速发展，航空运输需求快速增长，空中交通流量大幅增加，空域资源越发紧张，空管人员的压力不断提升。空域管理的目标逐渐转变为增加航班容量、减少延误和提升飞行效率。

世界各国都规划了未来的空域管理策略。如美国"新一代航空运输系统"（NGATS），欧盟"单一欧洲天空"（SESAR）计划。

我国提出了对于未来空域管理的策略。

（1）对于终端区的空域配置，要体现"小机场、大分区"为中心，对机场管制区进行优化调整，划设机场飞行管制地带，不断扩大飞行管制分区和高空管制区范围，保证终端区内航空器以统一．简捷的飞行程序达到高效和高容量的运行。

（2）拟制飞行高度层第三步改革方案。对于航路航线飞行阶段空域配置，改变空域管理与使用的"谁占用谁负责"原则，在确保空域安全的前提下确保最大限度的"共管、共用"原则。逐步推进航空用户有条件地灵活选择航路航线，进一步提高航路航线使用效率。

（3）研究解决对空发射等影响飞行的安全问题。针对地面兵器对空发射、人工降雨、消雹作业以及无人机不断增多、航空频率遭到恶意干扰等严重影响飞行安全的问题日益突出的现状，国家有关职能部门将进一步研究制定飞行环境安全管理办法，进一步优化飞行安全环境。

（4）实现空域资源的动态控制，满足各类空域用户和各种航空器活动的需要，达到航路航线运行与空域使用需求的平衡，灵活使用航路和空域，克服不同用户相互制约的弊端。

二、空中交通流量管理（Air Traffic Flow Management，ATFM）

（一）空中交通流量管理的概念

空中交通流量管理就是通过监视一定范围的空中交通状况，进行交通流量的预测和控制，防止特定航线、区域或扇区的流量过分集中，增大整个航空管制区的处理容量。流量管理系统在国际上起源于 20 世纪 70 年代中期，最初是为了缓解局部航运阻塞而设计和开发的专业系统，现已成为空中交通管理系统必不可少的重要组成部分。空中交通流量管理的目的是在需要或预期需要超过空中交通管理系统的可用容量期间，保证空中交通最佳地流向或通过这些区域。

空中交通流量管理主要包括以下三种方法：

1. 预先计划控制

预先计划控制指在制定航班班期时刻表时和在飞行前一日对非定期航班的飞行时刻安排进行限制和调整。

2. 放飞间隔控制

放飞间隔控制指在航空器起飞前，采用临时调整航空器起飞时间的办法，使航空器与航空器之间的飞行间隔符合管制规定。流量控制是作为流量管理的一种战术方法。为保证不出现大量空中等待的飞机，在起飞前控制（延缓）飞机起飞时间，从而控制空中交通流量，但这样做有时会造成大面积延误。如处于京广航路的武汉空中交通管制中心每天承担着大量的飞行管理任务（既有飞越的飞机又有本场起飞、降落的飞机）。

3. 实施调配控制

实施调配控制指航空器在飞行过程中，空中交通管制部门采取飞机在某地盘旋等待，改变飞行航线和飞行高度，调整飞行速度等措施，使航空器之间的横向、纵向、侧向和高度间隔符合规定标准，从而安全有序地运行。

（二）空中交通流量管理的发展趋势

随着我国经济建设、国防建设和航空事业的快速发展，军、民航和社会公众对空域的需求日益旺盛，持续增长的飞行量和空域有限的矛盾日益凸显，航班延误早已成为热点问题。这迫切要求我们加快空中交通流量管理体系建设，促进空域规划、管理机制和保障手段的改革创新，提高空域资源的科学管理水平，保证空中交通安全、高效和顺畅。

我国飞行流量管理机构分为民航局飞行流量管理单位和地区管理局飞行流量管理单位两级。空中交通流量管理的具体实施单位为塔台管制室、进近管制室和区域管制中心，分别负责塔台管制地带内空中交通流量的管理、进近管制区域内空中交通流量的管理和管制区域内空中交通流量的管理。

空中交通流量管理几乎涉及飞机的整个飞行过程，流量管理的决策除了要考虑机场和空域的容量限制，还要考虑航空公司的航班运行管理等方面因素。近年来，美国的"空中交通管制系统指挥中心（ATCSCC）"通过一类名为"协同决策（CDM）"的流程，加强了航空公司、机场即空中交通管制设施间协调过程中的干预。为使 TFM 系统的效能最优，协同决策流程通常会采用各类信息共享技术，包括基于互联网监控航班计划，定期和航空公司开电话会议以及重新制订航班计划等手段，以能够在航空公司和其他空域用户之间公平分配剩余的有限可用容量。

美国"新一代航空运输系统（NGATS）"对于未来空中交通流量管理提出的策略是：为了降低管制员发布战术性机动指令的必要，NGATS 将流量管理的重点放在了战略性的流量调控上。同时也会将整个地面、机场以及货物流作为整个空中运输系统的一部分来实行"终点到终点"的全面流量管理。

欧洲"单一欧洲天空（SESAR）"计划对于未来空中交通流量管理提出的策略是：为了达到所需的跑道吞吐量，可能会实施基于时间的间隔，为了达到这一目的将会利用一些 ATC 或者航空器的辅助间隔功能；利用综合计划工具来实施 ATM 的次序优化工作。SESAR 就以下方面来探讨飞行的流量：飞行剖面、排队、空港网络、空域和航路、下降剖面、扇区划分、最佳发动机燃烧量、跑道结构利用、场面交通流、起飞时间、无冲突航路、避免尾流影响、离场次序、进离场航班的平衡、终端区和航路交通。

第四节 航空情报与航空气象服务

一、航空情报服务

（一）航空情报服务的机构和内容

航空情报服务是在划定区域内负责提供航行安全、正常和效率所必需的航空资料和数据的服务。航空情报部门是一个完整的系统，和空中交通管制部门协同工作，为航空器的正常、高效和安全运行提供服务。航空情报服务机构包括全国民用航空情报中心、地区民用航空情报中心和机场民用航空情报单位。航空情报服务系统不对空中交通进行控制，它只是一个提供信息的网络，它把各级航空情报单位联在一起，可以把整个航路上的各种信息提供给管制员和驾驶员。航空情报工作的职能是收集编辑、设计制作和发布提供为保证飞行安全、正常、高效所需的航空情报资料。

航空情报服务主要包括：航空情报出版物、航行通告、飞行前和飞行后服务。

(1) 编辑出版航行资料汇编。航行资料汇编是在国际上交换的关于各个国家或地区航行方面的基本资料和数据，为国际航线使用，内容有民航当局认可的机场、气象、空中规则、导航设施、服务程序、在飞行中可以得到的服务和设施的基本情况等。

(2) 编辑出版各种航图。航图是把与航行有关的地形、导航设施、机场的标准、限制以及有关数据全部标示出来的地图。

(3) 收集、校核和发布航行通告。航行通告用于发布短期或临时性且对运行有重要意义的变动信息，是航空情报服务的最重要内容之一，它及时向飞行人员通知航行设施、服务和程序的建立及状况变化，以及航路上出现的危险情况等，是飞行人员和其他有关人员必须及时了解的资料，也是一级航空情报。

(4) 机场航空情报室应当为机组提供飞行前和飞行后航空情报服务。飞行前航空情报服务主要包括提供飞行前资料公告、提供资料查询和讲解；飞行后航空情报服务主要包括提供并受理机组提交的《空中交通服务设施服务状况报告单》。

(二) 航图、航行资料

1. 航图

航图是把各种和航行有关的地形、导航设施、机场的标准、机场的限制以及有关数据全部标示出来的地图。航图分为两大类：一类是标出重要地形和航行情况的航空地图，另一类是以无线电导航标志和局部的细致地形为专门目的使用的特种航图。

(1) 航空地图。

根据《民用航空情报工作规则》，航空地图包括世界航图、航空图和小比例尺航空领航图。

1) 世界航空地图。世界航空地图采用1∶1 000 000的比例，它主要用于高速飞机作远距离飞行使用，每年修订出版1次。

2) 航空图。航空图主要用于各种飞行的目视空中领航，为专用航图补充目视资料，进行各种训练以及制定飞行计划。比例尺一般为1∶500 000，其内容着重表示地形各要素的高度、形状和分布，以及各要素间的关系，特别是地面高低起伏和较高建筑物。要求地理特征突出，地标外貌逼真，主要供目视地标领航、检查修正航迹和寻找地面目标等。

航空图应当清楚地表示地球表面主要人文和自然地理特征，标绘有机场、导航设施、空中交通服务系统、禁区、危险区、限制区、重要障碍物和其他航空资料。

3) 小比例尺航空领航图。这类航图比例尺在1∶2 000 000～1∶5 000 000。目前大部分这类地图采用 1：2 333 232 的比例，使图上的 1 英寸等于 32 海里。它一般印成两部分：一部分为 VFR 使用，是航空地图，上面标明各种地面情况；另一部分为 IFR 使用，上面只标出无线电导航台的位置和标志。

（2）特种航图。

在我国特种航图分为 13 种，在航行资料汇编（AIP）和国内航行资料汇编（NAIP）中一般会公布机场障碍物 A 型图、精密进近地形图、航路图、区域图、标准仪表进场图、标准仪表离场图、仪表进近图、机场图、停机位置图、空中走廊图和放油区图等特种航图。在一个航班任务的执行过程中，飞行员使用航图的一般顺序为机场图和停机位置图、标准仪表离场图、航路图和区域图、标准仪表进场图、仪表进近图。

2. 航行资料

航空情报服务部门根据《国际民用航空组织公约》附件 15 的要求发布一体化民用航空情报系列资料，该资料是实施空中航行的基本依据。

航空情报系列资料由航行资料汇编（AIP）、航行通告、飞行前资料公告、航空资料通报等组成。

（1）航行资料汇编及修订、补充资料。

AIP 是为了国际间交换的关于一个地区或国家航行方面的基本资料和数据，为国际航线使用。按 ICAO 的要求，AIP 提供民航当局认可的机场、气象、空中规则、导航设施、服务程序，在飞行中可以得到的服务和设施的基本情况，发布国的民航程序和 ICAO 的各种建议及规定的判别。各种按 ICAO 标准绘制的航图也是 AIP 的一个组成部分。AIP 的大小和规格都有规定，AIP 以散页形式装订，每页都要有发布日期，如有修改，采用换页的方法进行 AIP 的更新，更新一般有两种方式：AIP 修订和 AIP 补充资料。AIP 资料中如果出现永久性的改变，会以 AIP 修订的形式发布，当出现周期较长的临时变动，或者虽然是临时变动但包含大量文字或者图表，不能以航行通告的形式发布时，会以 AIP 补充资料的形式发布。一般 AIP 的更新间隔是 28 天。

（2）航行通告（Notice to Airmen，NOTAM）。

航行通告是航空情报服务的最重要航行资料之一。它及时向飞行有关人员通知航行设施、服务和程序的建立及状况变化，以及航路上出现的危险情况，是飞行人员及有关人员必须及时了解的资料。它由电信网发布，通常在生效前 7 天发出，紧急情况随时发布。

雪情通告是航行通告的一个专门系列，是以特定格式拍发的，针对机场活动区内有雪、冰、雪浆及其相关的积水导致危险的出现和排除情况的通告。

火山通告是航行通告的一个专门系列，是以特定格式拍发的，针对可能影响航空器运行的火山活动变化、火山爆发和火山烟云的通告。

（3）飞行前资料公告（PIB）。

根据用户的不同需求，通过一系列标准和筛选条件在航行通告数据库中检索，针对每一次航班任务为用户提供定制的航行通告集合，以文件形式提供给用户，这个文件称为飞行前资料公告。

（4）航空资料通报。

涉及法律法规、空中航行、技术与管理、飞行安全等方面内容，但不适宜以航空资料汇编或者航行通告形式公布的，会以航空资料通报方式公布，航空资料通报采用不定期印发，每一份航空资料通报都会有一个按日历年排序的编号。

（5）校核单和名语摘要。

为了确保航行通告数据库的完整性和一致性，各级航空情报服务机构应当在每个日历月拍发一次规定格式的航行通告校核单，在校核单中列出现行有效的航行通告清单，航行通告的接收者根据校核单校对有效的航行通告，确保数据库中存在完整的有效航行通告。

在我国，由中国民用航空局航空情报中心负责向民航局地区管理局系统和各航空运输、通用航空企业供应民航局编印发行的航空情报资料和航空地图，以及同外国民航当局交换航空情报资料。

二、航空气象服务

航空气象服务是运用航空气象技术探测、处理和分发航空气象服务产品的过程。气象条件对飞机的起飞、航行、降落以及其他各种飞行活动有不同的影响。航空气象服务的目的就是确保航空运输及航空运营调度的安全和效率，避免或降低不利天气对飞行安全和效益产生的不良影响。

（一）组织机构

我国民航气象服务主要由民用航空部门负责，飞行所需要的航站、航线天气预报和情报服务由民航气象部门承担，由航空气象观测站、机场气象台和区域气象预报中心组成。气象观测站设在机场和主要航路点上，它的任务是观察和记录天气实况，向机组和机场气象台提供天气实况。机场气象台的任务是编制机场和航路天气预报，收集有关航行的气象报告，和有关方面和地方气象台交换气象情报，向飞行机组和其他航务人员讲解天气形势，并提供各种气象文件。区域气象预报中心的任务是提供区域内重要天气预报图和特定高度层上高空风的情况。此外，驾驶员要按规定向航空气象部门报告天气情况，这也是航空气象情报网的重要组成部分。

国外则把较多的气象预报任务交由国家气象系统的气象台站发布，航空气象服务部门和航空情报部门合在一起，由航空情报服务中心发布主要气象报告。

（二）气象与航空飞行安全

影响飞机飞行的不利气象条件主要是低能见度、雷暴、积冰、风和低空风切变等。

1. 能见度对飞行的影响

低能见度影响飞行安全。影响能见度的天气主要有雾、烟、小雨、沙尘天气、大雨、大雪、吹雪等，其中最常见、影响最严重的是雾。低能见度使飞机不能正常起降，是航班延误的主要原因之一。

2. 云对飞行的影响

云对飞行安全有重要影响。特别是积雨云，对流十分强烈，云中有闪电、雷击、冰雹，以及很强的上升和下降气流。因此，飞机是绝对禁止进入积雨云的，如果航线上积雨云成带，飞机就不能起飞。

3. 降水对飞行的影响

降水对飞行有多种影响，主要包括：能见度减小，且飞行速度越快，能见度越小，降雪区能见度更小；雨滴易造成飞机积冰；大雨、暴雨可使发动机熄火；大雨雨滴打击机身引起动量损失，升力减小，使阻力增加，自重增大；暴雨下方易出现强下沉气流，严重影响飞机着陆；降水改变跑道使用性能。

4. 风对飞行的影响

飞机大都采取逆风起降，因为这样飞机升力大，滑行距离最短、最安全。顺风起降容易使飞机冲出跑道，侧风则会使飞机偏离跑道。如果风速过大，逆风起降也不安全。各种机型的飞机都有自己允许起落的顺风、逆风和侧风标准。

风对飞行安全影响中，最严重的是低空风切变，常指高度 600m 以下的低空中风向和风速在短距离内发生剧烈变化，造成飞机剧烈颠簸，以致飞机解体失事。

5. 积冰对飞行的影响

跑道积冰使飞机滑行时打滑，不易保持方向而偏离跑道。机身积冰会破坏飞机的流线型，破坏飞机的空气动力学性能；尾翼积冰则影响航向；空速管严重积冰使飞行员无法确知飞机速度；积在喷气式发动机进口边缘的冰如果掉进发动机至会导致发动机突然熄火。积冰后只要向上或向下飞离积冰层或可化险为夷。

(三) 气象报告

气象报告是在天气形势预报的基础上，经分析、计算、诊断得出的服务于整个飞行活动的专业天气预报，是对某一特定区域或空域，在某一特定时间或时段的预期气象情况的说明。航空天气预报是保障飞行安全的重要依据，主要有以下几种：

(1) 航站（机场）天气预报，指以机场为中心半径 50km 范围内的天气预报。内容应当包括在预报有效时段内地面风、能见度、天气现象、云和气温等要素中的一个或几个预期的重大变化。

(2) 航线（航路）天气预报，指为两个指定机场之间的航线（航路）天气制作的预报。航线（航路）预报的范围应当包括所要飞行的时间、海拔高度和地理范围。内容包括高空风、高空温度、航线（航路）上重要天气现象和与之结合的云以及根据需要增加的要素。

(3) 区域天气预报，指对一个或几个地区的天气预报。用来判定沿航线（航路）的天气。预报的范围应当包括所要飞行的时间、海拔高度和地理范围。内容与航线（航路）天气预报的内容一致。

(4) 起飞预报，用于飞机起飞目的机场预报。起飞预报应当指明一个具体时段，并包含跑道综合区的地面风向、风速、风向风速的预期变化、温度、修正海平面气压以及机场气象台与航空营运人协定的任何其他要素的预期情况。

(5) 着陆预报，采用趋势预报形式编制的为航空器着陆提供的天气预报。

(6) 天气图，是由国家气象系统制作的，分为多种，通过电信网发给各气象单位。

由于航空和气象的密切关联，根据航空需要制作的称为航空天气图，包括地面天气图、天气形势图、天气预报图。

安全是航空运输业追求的最重要的目标，而航空气象因素对飞机起飞、飞行、降落整个运行过程起着重要的影响，航空气象信息关系着航班是否能正常和安全运行。民航的航空情报单位要和气象单位紧密合作，为航行部门和飞行人员提供更准确和详尽的气象服务，以保证民航运输的效率和安全。

本章小结

空中交通同地面交通一样，需要进行指挥与管理。为保证空中交通安全、有序，必须严密组织，严格管理。空中交通管理主要包括空中交通服务、空域管理和空中交通流量管理。中国民用航空局空中交通管理局是民航局管理全国空中交通服务、民用航空通信、导航、监视、航空气象、航行情报的职能机构。中国民航空管系统现行行业管理体制为民航局空管局、地区空管局、空管分局（站）三级管理；运行组织形式基本是区域管制、进近管制、机场管制为主线的三级空中交通服务体系。

复习与思考

一、选择题

1. 负责飞机离场进入航路和进近着陆的管制叫作（　　）。

A. 机场管制　　　　B. 进近管制　　　　C. 区域管制　　　　D. 程序管制

2. 使用无线电通信按规定程序完成的管制叫（　　）。

A. 程序管制　　　　B. 雷达管制　　　　C. 机场管制　　　　D. 进近管制

3. 被称为雷达的信标系统是（　　）。

A. 一次雷达　　　　B. 四次雷达　　　　C. 二次雷达　　　　D. 三次雷达

4. 航线上为飞机提供的管制服务称为（　　）。

A. 机场管制服务　　B. 区域管制服务　　C. 进近管制服务　　D. 程序管制服务

5. 进近管制的范围一般在机场（　　）km 半径之内。

A. 90　　　　　　　B. 80　　　　　　　C. 100　　　　　　D. 70

二、判断题

1. 20 世纪 30 年代前后飞机驾驶员进行的飞行主要是仪表飞行。（　　）

2. 空中交通服务航路的建立是以空中走廊的形式建立的。（　　）

3. 飞机遇气象雷达红色区域需要绕飞。（　　）

4. 程序管制是使用无线电通信按规定程序来完成的。（　　）

三、简答题

1. 简述我国空中交通管理的体系和职责。

2. 简述空中交通管理的任务和内容。

3. 简述空中交通服务的内容。

4. 简述空中交通管制服务的任务。

5. 简述空中交通管制服务的内容。

6. 简述空中交通管制的方式。

7. 什么是起落航线？

8. 简述我国空域的分类和划设。

9. 空中交通流量管理的主要阶段和手段是什么？

10. 简述影响航空飞行的气象要素。

四、论述题

未来空中交通管理的发展趋势。

第八章
通用航空

本章导航

通用航空作为民用航空重要的组成部分，广泛应用于工业、农业、航空旅游业、航空救援等领域，其发展水平和规模与国民经济发展水平息息相关。本章主要介绍通用航空的定义和分类，世界通用航空与我国通用航空的发展历程。

学习目标

知识目标

1. 掌握通用航空的定义
2. 掌握通用航空的分类
3. 了解世界通用航空的发展
4. 了解我国通用航空的发展

能力目标

1. 具备对通用航空基础知识的理解能力
2. 具备将通用航空相关理论知识应用于工作的实践能力

第一节　通用航空的定义与分类

航空活动分为民用航空和军用航空两部分。民用航空活动又可分为公共航空运输和通用航空两大类。

一、通用航空的概念

（一）通用航空的定义

通用航空是指使用民用航空器从事公共航空运输以外的民用航空活动，包括从事工业、农业、林业、渔业和建筑业的作业飞行以及医疗卫生、抢险救灾、气象探测、海洋监测、科学实验、教育训练、文化体育等方面的飞行活动。国际民航组织（ICAO）把专门从事工业、农业、林业、渔业和建筑业的作业飞行划分为作业航空，即把民用航空活动分为运输航空、通用航空和作业航空三类，通用航空不包含作业航空，但在我国把后两类称为通用航空。

《国务院办公厅关于促进通用航空业发展的指导意见》（2016）中对通用航空业进行了界定，通用航空业是以通用航空飞行活动为核心，涵盖通用航空器研发制造、市场运营、综合保障以及延伸服务等全产业链的战略性新兴产业体系，具有产业链条长、服务领域广、带动作用强等特点。

（二）通用航空的作用

通用航空是民用航空的重要组成部分，通用航空的发展水平是一个国家科学技术水平、经济发展水平、人民生活水平高低的重要标志，在社会和经济发展中具有重要的地位。

1. 推动经济发展

通用航空的外延既包括航空器维修、机场、空管与航行情报服务、航油等与飞行活动相关的通用航空运营及运营综合保障；也包括上游的航空器研发、制造、销售等领域，以及航材、生活服务设施等下游产业；还包括外围为行业发展提供相应支持的金融、保险等行业。通用航空的发展能够同时带动制造业、消费产业和服务产业的发展，创造新的经济发展的增长点，成为推动经济发展新的引擎。

2. 提高生产效益

运用通用飞机进行农业、林业播种及病虫害农药的喷洒，可以提高生产效益；在工业方面进行空中电力巡线、管道巡护、空中吊装及航空测绘等工业化特色服务，可以提高生产效益；运用航空摄影、遥感手段，获取航空图像及其他遥感信息，可为国民经济各有关部门进行勘探、设计、调查、科研等活动提供可靠、精确的原始数据和基础资料。

3. 提供高效的公共服务保障

由于通用航空飞行的快速性、灵活性和直达性，通用航空被广泛应用于我国的抢险救援工作，如航空医疗救护、救灾物资投送、航空护林、城市航空消防、交通救助等，在危险和突发事件处理上，发挥了其他交通运输方式无法替代的作用。

4. 满足个人消费需要

随着我国居民收入水平的不断提升，更多具备物质基础的人开始针对航空服务产品进行消费。例如：跳伞、滑翔伞、滑翔机、热气球以及航空模型等飞行运动；为取得飞行驾驶执照而进行的飞行教育培训，或为提高飞行技能而进行的飞行活动；为满足快速到达需要而进行的私人公务飞行；有飞行驾驶执照的个人为体验飞行乐趣而进行的私人飞行活动等。

二、通用航空的业务分类

我国的通用航空企业主要有两种形式：一种是专门从事专业服务的通用航空公司；另一种是航空运输公司下属的通用航空部门或机队，例如近年来陆续涌现的培训初级飞行学员的飞行训练机构。

通用航空应用范围十分广泛，《通用航空经营许可管理规定》（中华人民共和国交通运输部令2020年第18号）有详细列出。

按照通用航空应用领域的不同，可将通用航空划分为以下几类：

（1）农林牧渔业类航空。执行为农、林、牧、渔各行业服务任务的通用航空简称为农业航空，包括人工降水、航空护林、航空喷洒（撒）、空中巡查、海洋监测、渔业飞行等。

（2）工业类航空。执行航空观察和探测航空作业的通用航空称为工业航空，包括陆上石油服务、海上石油服务、航空探矿、航空摄影、空中拍照等。

（3）公务航空。公务飞行等。

（4）培训教育类，包括私用或商用飞行驾驶执照培训、运动驾驶员执照培训等。

（5）文化娱乐类，包括使用具有标准适航证的载人自由气球、飞艇开展空中游览，使用具有特殊适航证的航空器开展航空表演飞行、个人娱乐飞行等。

（6）社会公益类，包括航空医疗救护、航空消防、交通救助等。

第二节　通用航空的发展

一、世界通用航空的发展

飞机出现以后，早期的航空活动家主要从事展示飞机性能和创造新的飞行纪录的飞行。1914年第一次世界大战爆发，航空活动用于军事用途。1918年战争结束，剩余了大量的军用飞机和退役的驾驶员，他们不愿放弃飞行而改行，就探索着把飞机用到各种民用领域中去。从此，航空运输和通用航空就分了家。

伴随着飞机性能的不断提升，飞机开始为农业服务，为交通不便的地区，如澳大利亚内陆、阿拉斯加、太平洋上的岛屿提供医疗、邮递、救援等服务，开始出现飞行训练学校和特技飞行队。1920年之后，欧洲和美国出现了大量的私人飞机，有的大公司和企业开始有了自己的飞机或机队为高级员工提供交通便利，这就是早期的公务航空。为了向私人飞机和企业的飞机提供维修服务，供应燃油，买卖二手飞机，进行飞机出租等业务，在美国出现了以机场为基地的通航服务站（Fixed Base Operator，FBO），这样就形成了一个完整的通用航空供需市场。

第二次世界大战结束以后，通用航空应用扩展到了更多的领域，如在农业中承担了更多的工作，出现了空中游览服务等。1950年直升机进入通用航空，大大拓展了民航服务的范围，这之后开始有了海上石油平台服务，山区和无机场地区的救援、联络、空中吊装服务等。"通用航空"这个术语是在1950年出现的。20世纪60年代出现的跨国公司推动公务航空取得了巨大的发展，跨国公司需要飞机和自己的机队，他们使用着通用航空中起飞重量最大、装备最先进的公务飞机。还有为荒野地区职工通勤用的能载20人左右的通勤飞机，有为公司高级经理人员远距离出行（航程在5 000公里以上）的豪华公务机等。

二、我国通用航空的发展

我国航空界的先驱——冯如1911年在广东进行飞行表演，并在1913年于北京创立了我国第一所飞行学校，这是我国早期通用航空的开始。真正把航空活动用于非运输目的的民航事业是从1930年国民政府创立航空摄影队，承担水利、铁路、地质的测绘任务开始的，直到1949年通用航空没有太大的发展。航空摄影队飞机最多的时候为1937年，也仅有12架。1951年民航局组建了航空护林队，开展了农田灭虫和森林防护作业。随着我国建设事业的发展，通用航空服务范围扩展到为农业进行飞机播种、除草、施肥及为工矿业勘测物探，石油开发等多个方面。当时为工农业服务的航空统称为专业航空，1956年民航局成立了专业航空处，负责统管全国的通用航空事务。1980年中国民航总局下设了专业航空局（后改为专业航空司），使通用航空的管理提升到更高的层次，体现了国家对通用航空的重视和扶持。1981—1986年我国组建了通用航空公司及直升机公司。1986年国务院正式使用"通用航空"这一名词来取代专业航空，标志着我国通用航空事业与国际的接轨。1987年中国民航总局撤销了专业航空司，通用航空就以各大航空公司的一个部门或独立的通用航空公司按市场经济规律运行。

进入21世纪，随着我国经济建设的发展，人民生活水平的大幅提高，我国的公务航空和个体航空开始起步，不少大公司拥有了自己的公务机或直升机。

截至2019年底，我国获得通用航空经营许可证的通用航空企业有478家。其中，华北地区104家，东北地区39家，华东地区113家，中南地区116家，西南地区55家，西北地区33家，新疆地区18家。通用航空在册航空器总数达到2 707架，其中教学训练用飞机849架。2019年，共有44个通用机场获得颁证，全行业颁证通用机场数量达到246个；全行业完成通用航空生产飞行106.50万小时，比2018年增长13.6%。其中，载客类作业完成9.95万小时，比2018年增长17.5%；作业类作业完成16.05万小时，比2018年增长4.3%；培训类作业完成38.66万小时，比2018年增长26.1%；其他类作业完成5.32万小时，比2018年增长6.6%；非经营性完成36.52万小时，比2018年增长6.7%。截至2019年底，全行业无人机拥有者注册用户达37.1万个，其中个人用户32.4万个，企业、事业、机关法人单位用户4.7万个。全行业注册无人机共39.2万架。2019年，全行业无人机有效驾驶员执照67 218本。近年来，无人机在我国物流、旅游、工农业生产、公共安全等领域得到快速发展和应用。

目前，我国的通用航空市场，工业航空是最主要的作业形式，农林业航空次之，这两部分的需求在通用航空市场总体需求中占的比重较高；石油开采和勘探、航空摄影是通用航空运营较为成功的业务领域；航空救援服务的需求不断增加。

随着市场需求的变化以及国家对通用航空发展政策的支持，未来，短途运输、空中游览、高空跳伞、执照类培训、无人机应用将成为通用航空领域热点发展领域。

本章小结

本章主要介绍了通用航空的定义和分类以及通用航空的发展概况。通过本章的学习，读者能够对通用航空的业务有所了解，同时了解通用航空在国民经济发展中的地位和作用，了解通用航空和运输航空之间的区别和联系，能够全面客观地了解通用航空的发展。

复习与思考

一、选择题

1. 下列不属于通用航空的是(　　)。

A. 空中警务巡逻　　　B. 喷洒农药　　　　C. 飞行训练　　　　D. 运输旅客

2. 下面 (　　) 不属于通用航空范畴。

A. 航班运营　　　　　B. 工业航空　　　　C. 私人航空　　　　D. 飞机驾驶培训

二、判断题

1. 空中游览服务属于通用航空业务范畴。(　　)

2. 我国航空界的先驱——冯如1911年在广东进行飞行表演，并在1913年于北京创立了我国第一所飞行学校，这是我国早期通用航空的开始。(　　)

三、简答题

1. 简述通用航空的定义。

2. 简述通用航空作业种类。

3. 简述我国通用航空的发展历史。

4. 简述通用航空的作用。

5. 简述通用航空与运输航空的区别。

四、论述题

我国通用航空未来发展的趋势。

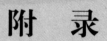

附　录

附录一　国内主要空港数据

序号	机场	三字代码	飞行区等级	起降机型	机场主要生产指标（2019）		
					旅客吞吐量（人次）	货邮吞吐量（吨）	飞机起降架次
1	北京/首都	PEK	4F	A380	100 013 642	1 955 285.991	594 329
2	上海/浦东	PVG	4F	A380	76 153 455	3 634 230.4	511 846
3	广州/白云	CAN	4F	A380	73 378 475	1 919 926.9	491 249
4	成都/双流	CTU	4F	A380	55 858 552	671 903.9	366 887
5	深圳/宝安	SZX	4F	A380	52 931 925	1 283 385.6	370 180
6	昆明/长水	KMG	4F	A380	48 075 978	415 776.3	357 080
7	西安/咸阳	SIA	4F	A380	47 220 547	381 869.6	345 748
8	上海/虹桥	SHA	4E	B747（A380备降）	45 637 882	423 614.7	272 928
9	重庆/江北	CKG	4F	A380	44 786 722	410 928.6	318 398
10	杭州/萧山	HGH	4F	A380	40 108 405	690 275.9	290 919
11	南京/禄口	NKG	4F	A380	30 581 685	374 633.5	234 869
12	郑州/新郑	CGO	4F	A380	29 129 328	522 021.0	216 399
13	厦门/高崎	XMN	4E	B747	27 413 363	330 511.6	192 929
14	武汉/天河	WUH	4F	B747（A380备降）	27 150 246	243 193.4	203 131

续表

序号	机场	三字代码	飞行区等级	起降机型	旅客吞吐量（人次）	货邮吞吐量（吨）	飞机起降架次
					机场主要生产指标（2019）		
15	长沙/黄花	CSX	4D	B767 A300	26 911 393	175 724.5	196 213
16	青岛/流亭	TAO	4E	B767	25 556 278	256 298.8	186 500
17	海口/美兰	HAK	4E	B747	24 216 552	175 566.5	164 786
18	乌鲁木齐/地窝堡	URC	4E	B747	23 963 167	172 800.5	178 234
19	天津/滨海	TSN	4E	B747（A380 备降）	23 813 318	226 162.7	167 869
20	贵阳/龙洞堡	KME	4E	B747	21 910 911	120 110.2	167 063
21	哈尔滨/太平	HRB	4E	B747	20 779 745	135 923.2	147 795
22	沈阳/桃仙	SHE	4E	B747	20 544 044	192 477.6	145 350
23	三亚/凤凰	SYX	4E	B747	20 163 655	99 821.0	124 813
24	大连/周水子	DLC	4E	B747	20 079 995	173 533.8	154 976
25	济南/遥墙	TNA	4E	B747	17 560 507	135 263.0	129 994
26	南宁/吴圩	NNG	4E	B747	15 762 341	122 248.9	114 658
27	兰州/中川	LHW	4E	B747	15 302 975	72 001.6	119 183
28	福州/长乐	FOC	4E	B747	14 760 226	131 071.5	112 746
29	太原/武宿	TYN	4E	B747	14 002 582	57 626.0	108 275
30	长春/龙嘉	CGQ	4E	B747	13 934 969	88 901.6	98 816
31	南昌/昌北	KHN	4E	B747	13 637 151	122 517.3	108 036
32	呼和浩特/白塔	HET	4E	B747	13 151 840	46 157.1	112 159
33	宁波/栎社	NGB	4E	B747	12 414 007	106 120.2	89 487
34	温州/龙湾	WNZ	4E	B747	12 291 707	81 106.6	92 296
35	珠海/金湾	ZUH	4E	B747	12 282 982	50 989.4	88 989
36	合肥/新桥	HFE	4E	B747	12 282 384	87 101.6	95 135
37	石家庄/正定	SJW	4E	B747	11 922 801	53 229.7	90 970
38	银川/河东	INC	4E	B747	10 575 393	61 245.8	84 734
39	烟台/蓬莱	YNT	4E	B747	10 052 929	57 060.9	86 441
40	桂林/两江	KWL	4E	B747（A380 备降）	8 552 654	30 313.2	68 126
41	泉州/晋江	JJN	4D	B767	8 435 805	75 294.6	65 012
42	无锡/硕放	WUX	4E	B747	7 973 446	145 128.2	62 483

续表

序号	机场	三字代码	飞行区等级	起降机型	机场主要生产指标（2019）		
					旅客吞吐量（人次）	货邮吞吐量（吨）	飞机起降架次
43	揭阳/潮汕	SWA	4E	B747	7 353 521	27 810.9	55 905
44	西宁/曹家堡	XNN	4E	B747	7 226 518	41 030.7	61 218
45	丽江/三义	LJG	4D	B767	7 173 986	12 616.0	54 255
46	西双版纳/嘎洒	JHG	4D	B767	5 524 284	8 418.2	43 034
47	北京/南苑	NAY	4D	B767	5 060 412	15 513.5	33 521
48	拉萨/贡嘎	LXA	4E	B747	4 572 428	39 320.2	39 065
49	绵阳/南郊	MIG	4D	B767	4 159 370	8 860.4	189 897
50	常州/奔牛	CZX	4E	B747	4 052 342	33 161.0	55 446
51	南通/兴东	NTG	4E	B747	3 484 484	42 263.1	34 580
52	宜昌/三峡	YIH	4D	B767	3 263 912	4 597.4	86 190
53	北京/大兴	BJS	4F	A380	3 135 074	7 362.3	21 048
54	威海/大水泊	WEH	4D	B767	3 090 766	9 228.1	25 694
55	徐州/观音	XUZ	4E	B747	3 005 875	12 068.7	49 648
56	湛江	ZHA	4D	B767	2 983 501	6 062.0	30 933
57	扬州/泰州	YTY	4E	B747	2 979 668	12 440.6	41 422
58	张家界/荷花	DYG	4D	B767	2 870 898	1 779.9	25 570
59	鄂尔多斯/伊金霍洛	DSN	4E	B747	2 695 925	10 046.6	34 155
60	北海/福成	BHY	4D	B767	2 679 101	7 216.7	20 831
61	临沂/启阳	LYI	4D	B767	2 580 823	10 245.5	21 601
62	呼伦贝尔/东山	XRQ	4D	B767	2 558 413	6 247.8	21 684
63	惠州/平潭	HUZ	4C	B737	2 553 545	8 915.7	20 251
64	榆林/榆阳	UYN	4D	B767	2 531 468	8 017.6	23 906
65	运城/张孝	YCU	4D	B767	2 484 569	6 078.2	37 761
66	喀什	KHG	4E	B747	2 433 209	10 383.9	20 736
67	淮安/涟水	HIA	4D	B767	2 347 566	10 259.3	45 573
68	包头/二里半	BAV	4D	B767	2 265 867	7 837.4	19 533
69	遵义/新舟	ZYI	4C	B737	2 257 147	3 611.9	20 759

续表

序号	机场	三字代码	飞行区等级	起降机型	机场主要生产指标（2019）		
					旅客吞吐量（人次）	货邮吞吐量（吨）	飞机起降架次
70	库尔勒	KRL	4D	B767	2 202 333	8 743.7	24 222
71	德宏/芒市	LUM	4C	B737	2 122 958	10 758.9	18 160
72	盐城/南洋	YNZ	4C	B737	2 090 304	8 684.4	19 099
73	赣州/黄金	KOW	4C	B737	2 088 731	5 664.9	17 789
74	义乌	YIW	4D	B767	2 029 109	10 612.9	15 511
75	连云港/白塔埠	LYG	4D	B767	1 922 824	3 342.9	18 118
76	襄阳/刘集	XFN	4D	B767	1 899 458	2 848.7	85 596
77	赤峰/玉龙	CIF	4C	B737	1 893 600	2 362.1	17 451
78	泸州/云龙	LZO	4C	B737	1 861 445	6 645.3	19 414
79	大理	DLU	4C	B737	1 773 857	6 870.6	17 331
80	阿克苏/温宿	AKU	4C	B737	1 711 210	8 252.7	17 356
81	延吉/朝阳川	YNJ	4C	B737	1 662 608	5 740.6	13 996
82	遵义/茅台	ZYI	4C	B737	1 652 124	1 003.7	17 370
83	和田	HTN	4D	B767	1 596 218	5 704.7	14 507
84	柳州/白莲	LZH	4D	B767	1 571 055	8 671.9	13 864
85	洛阳/北郊	LYA	4D	B767	1 537 355	1 151.5	196 542
86	十堰/武当山	WDS	4C	B737	1 524 107	1 041.5	15 087
87	舟山/普陀山	HSN	4D	B767	1 521 949	622.6	24 190
88	济宁/曲阜	JNG	4C	B737	1 487 810	2 974.9	11 608
89	伊宁	YIN	4D	B767	1 477 371	6 789.5	13 820
90	恩施/许家坪	ENH	4C	B737	1 426 920	1 629.8	12 987
91	兴义	ACX	4D	B767	1 384 614	1 364.2	14 814
92	台州/路桥	HYN	4C	B737	1 381 321	10 278.5	10 333
93	腾冲/驼峰	TCZ	4C	B737	1 367 494	3 005.7	12 542
94	大同/云冈	DAT	4C	B737	1 307 139	1 923.8	23 506
95	保山/云瑞	BSD	4C	B737	1 228 964	1 555.5	11 047
96	毕节/飞雄	BFJ	4C	B737	1 217 071	743.2	14 220
97	南阳/姜营	NNY	4D	B767	1 177 895	1 016.9	62 205
98	万州/五桥	WXN	4C	B737	1 151 410	1 731.8	20 122

续表

序号	机场	三字代码	飞行区等级	起降机型	机场主要生产指标（2019）		
					旅客吞吐量（人次）	货邮吞吐量（吨）	飞机起降架次
99	通辽	TGO	4C	B737	1 128 515	2 042.6	19 532
100	常德/桃花源	CGD	4D	B767	1 106 061	361.3	92 522
101	衡阳/南岳	HNY	4C	B737	1 102 857	1 258.6	11 095
102	西昌/青山	XIC	4D	B767	1 087 186	1 946.3	10 427
103	牡丹江/海浪	MDG	4C	B737	1 048 088	1 290.0	8 128
104	日照/山字河	RIZ	4C	B737	1 017 891	1 773.4	126 020
105	南充/高坪	NAO	4C	B737	1 011 625	2 259.6	19 406
106	宜宾/五粮液	YBP	4C	B737	1 000 744	3 396.1	10 116

附录二　国内部分运输航空公司及两字代码

序号	航空公司名称	两字代码
1	中国国际航空股份有限公司	CA
2	中国国际货运航空有限公司	CA
3	中国东方航空股份有限公司	MU
4	中国货运航空有限公司	CK
5	中国南方航空股份有限公司	CZ
6	珠海航空有限公司	CZ
7	汕头航空有限公司	CZ
8	贵州航空有限公司	G4
9	重庆航空有限责任公司	OQ
10	厦门航空有限公司	MF
11	海南航空股份有限公司	HU
12	中国新华航空集团有限公司	X2
13	长安航空有限责任公司	9H
14	天津航空有限责任公司	GS
15	北京首都航空有限公司	JD

续表

序号	航空公司名称	两字代码
16	金鹏航空股份有限公司	Y8
17	云南祥鹏航空有限责任公司	8L
18	山东航空股份有限公司	SC
19	上海航空有限公司	FM
20	中国联合航空有限公司	KN
21	深圳航空有限责任公司	ZH
22	四川航空股份有限公司	3U
23	奥凯航空有限公司	BK
24	成都航空有限公司	EU
25	春秋航空股份有限公司	9C
26	华夏航空有限公司	G5
27	东海航空有限公司	J5
28	上海吉祥航空股份有限公司	HO
29	大新华航空有限公司	CN
30	西部航空有限责任公司	PN
31	河北航空有限公司	NS
32	昆明航空有限公司	KY
33	幸福航空有限责任公司	JR
34	顺丰航空有限公司	O3
35	西藏航空有限公司	TV
36	大连航空有限责任公司	CA
37	浙江长龙航空有限公司	GJ
38	瑞丽航空有限公司	DR
39	青岛航空股份有限公司	QW
40	乌鲁木齐航空有限责任公司	UQ
41	福州航空有限责任公司	FU
42	九元航空有限公司	AQ
43	广西北部湾航空有限责任公司	GX
44	杭州圆通货运航空有限公司	YG
45	江西航空有限公司	RY
46	多彩贵州航空有限公司	GY

附录三 国内部分通用航空公司

序号	通用航空公司名称	经营许可证颁证时间
1	中国飞龙通用航空有限公司	2016 年 5 月
2	中信海洋直升机股份有限公司	2018 年 3 月
3	大庆通用航空有限公司	2016 年 4 月
4	河北中航通用航空有限公司	2016 年 4 月
5	中飞通用航空有限责任公司	2016 年 6 月
6	新疆通用航空有限责任公司	2017 年 5 月
7	北大荒通用航空有限公司	1993 年 6 月
8	东北通用航空有限公司	2016 年 4 月
9	沈阳通用航空有限公司	1998 年 4 月
10	浙江东华通用航空有限公司	2015 年 10 月
11	广东白云通用航空有限公司	2015 年 7 月
12	青岛直升机航空有限公司	2017 年 6 月
13	广东省通用航空有限公司	2015 年 12 月
14	齐齐哈尔鹤翔通用航空有限责任公司	1995 年 10 月
15	常州江南通用航空有限公司	2017 年 9 月
16	东方通用航空有限责任公司	2016 年 12 月
17	江西长江通用航空有限公司	2013 年 7 月
18	新疆天山通用航空有限公司	2017 年 8 月
19	珠海中航通用航空有限公司	2016 年 10 月
20	武汉通用航空有限公司	2016 年 7 月
21	国网通用航空有限公司	2016 年 1 月
22	安阳通用航空有限责任公司	2015 年 10 月
23	精功（北京）通用航空有限责任公司	2013 年 4 月
24	衡阳通用航空有限公司	2017 年 5 月
25	荆门通用航空有限责任公司	2017 年 5 月
26	四川三星通用航空有限责任公司	2018 年 2 月
27	山西三晋通用航空有限责任公司	2018 年 3 月

续表

序号	通用航空公司名称	经营许可证颁证时间
28	白城通用航空有限责任公司	2018 年 4 月
29	湖北楚天通用航空有限责任公司	2016 年 12 月
30	鄂尔多斯市通用航空有限责任公司	2003 年 5 月
31	新疆开元通用航空有限公司	2015 年 9 月
32	中民国际通用航空有限责任公司	2015 年 12 月
33	海南亚太通用航空有限公司	2015 年 7 月
34	河南蓝翔通用航空公司	2016 年 7 月

数据截止到 2018 年 7 月。

参考文献

[1] 杨新湮，吴维，孟令航. 民用航空概论 [M]. 北京：人民交通出版社，2019.

[2] 江群，陈卓. 民航概论 [M]. 北京：电子工业出版社，2019.

[3] 黄永宁，张晓明. 民航概论 [M]. 4 版. 北京：旅游教育出版社，2019.

[4] 彼得·贝罗巴巴，阿梅迪奥·奥多尼，辛西娅·巴恩哈特. 全球航空业 [M]. 2 版. 解开颜，李志军译. 上海：上海交通大学出版社，2018.

[5] 中国民用航空局发展计划司. 从统计看民航（2018）[M]. 北京：中国民航出版社，2018.

[6] 孙继湖. 航空运输概论 [M]. 2 版. 北京：中国民航出版社，2017.

[7] 张荣娟，李伟，李晓妍. 民航基础 [M]. 2 版. 北京：科学出版社，2017.

[8] 宗苏宁. 中国通用航空产业发展现实与思考 [M]. 北京：航空工业出版社，2014.

[9] 赵影，陆筑平，闫娟. 民航货物运输 [M]. 北京：人民交通出版社，2014.

[10] 汪泓，周慧艳，石丽娜. 机场运营管理 [M]. 2 版. 北京：清华大学出版社，2014.

[11] 杜长海. 航空公司收益管理的应用研究 [D]. 上海：复旦大学，2013.

[12] 方从法，罗茜. 民用航空概论 [M]. 上海：上海交通大学出版社，2012.

[13] 刘得一，张兆宁，杨新湮. 民航概论 [M]. 3 版. 北京：航空工业出版社，2011.

[14] 中国民用航空局. 2019 年民航行业发展统计公报 [R]. 2020.

[15] 熊康昊，宋亚胜，马发涛，詹毅，李海. 机场应急救援体制创新与顶层设计研究——以广州白云国际机场为例 [J]. 综合运输，2019，41（6）：108-111，116.

[16] 杨涛，张燕欣，王泓，程启平，李伟. 我国民航运输产业组织结构研究 [J]. 民航管理，2016（2）：8-13.

[17] 何行，杨省贵. 属地化后机场管理体制改革研究 [J]. 交通企业管理，2012，27（6）：7-9.